首饰设计与工艺系列丛书

首饰设计与创意方法

吴冕 著
滕菲 主审
刘骁 主编

人民邮电出版社
北京

图书在版编目（CIP）数据

首饰设计与创意方法 / 吴冕著 ; 刘骁主编. -- 北京 : 人民邮电出版社, 2022.8
（首饰设计与工艺系列丛书）
ISBN 978-7-115-58021-4

Ⅰ. ①首… Ⅱ. ①吴… ②刘… Ⅲ. ①首饰—设计 Ⅳ. ①TS934.3

中国版本图书馆CIP数据核字(2021)第242492号

内容提要

国民经济的快速发展和人民生活水平的提高不断激发国民对珠宝首饰消费的热情，人们对饰品的审美、情感与精神需求也在日益提升。近些年，新的商业与营销模式不断涌现，在这样的趋势下，对首饰设计师能力与素质的要求越来越全面，不仅要具备设计和制作某件具体产品的能力，同时也要求具有创新性、整体性的思维与系统性的工作方法，以满足不同商业的消费及情境体验的受众需求，为此我们策划了这套《首饰设计与工艺系列丛书》。

本书是关于首饰创作方法的图书。全书分为8章：第1章重构了珠宝与首饰的概念及其创作策略；第2章讲解了现代首饰的简要发展史；第3章至第7章则分别从形态、材料、功能结构、叙事和反思五个主导方面来讲解首饰的创作策略；第8章则为首饰设计者提供了一些具体的创作建议。

本书结构安排合理，内容翔实丰富，具有较强的针对性与实践性，不仅适合首饰设计初学者、各大首饰类院校学生及具有一定经验的首饰设计师阅读，也可帮助他们巩固与提升自身的设计创新能力。

◆ 著　　　吴　冕
主　　审　滕　菲
主　　编　刘　骁
责任编辑　王　铁
责任印制　周昇亮

◆ 人民邮电出版社出版发行　北京市丰台区成寿寺路 11 号
邮编　100164　电子邮件　315@ptpress.com.cn
网址　https://www.ptpress.com.cn
北京捷迅佳彩印刷有限公司印刷

◆ 开本：787×1092　1/16
印张：10.5　2022 年 8 月第 1 版
字数：269 千字　2024 年 7 月北京第 6 次印刷

定价：99.00 元

读者服务热线：(010)81055296　印装质量热线：(010)81055316
反盗版热线：(010)81055315
广告经营许可证：京东市监广登字 20170147 号

丛书编委会

丛书专家委员会

推荐序 I

开枝散叶又一春

辛丑年的冬天，我收到《首饰设计与工艺系列丛书》主编刘骁老师的邀约，为丛书做主审并作序。抱着学习的态度，我欣然答应了。拿到第一批即将出版的 4 本书稿和其他后续将要出版的相关资料，发现从主编到每本书的著者大多是自己这些年教过的已毕业的学生，这令我倍感欣喜和欣慰。面对眼前的这一切，我任思绪游弋，回望二十几年来中央美术学院首饰设计专业的创建和教学不断深化发展的情境。

我们从观察自然，到关照内里，觉知初心；从视觉、触觉、身体对材料材质的深入体悟，去提升对材质的敏感性与审美能力；在中外首饰发展演绎的历史长河里，去传承精髓，吸纳养分，体味时空转换的不确定性；我们到不同民族地域文化中去探究首饰文化与艺术创造的多元可能性；鼓励学生学会质疑，具有独立的思辨能力和批判精神；输出关注社会、关切人文与科技并举的理念，立足可持续发展之道，与万物和谐相依，让首饰不仅具备装点的功效，更要带给人心灵的体验，成为每个个体精神生活的一部分，以提升人类生活的品质。我一直以为，无论是一枚小小的胸针还是一座庞大博物馆的设计与构建，都会因做事的人不同，而导致事物的过程与结果的不同，万事的得失成败都取决于做事之人。所以在我的教学理念中，培养人与教授技能需两者并重，不失偏颇，而其中对人整体素养的培养是重中之重，这其中包含了人的德行，热爱专业的精神，有独特而强悍的思辨及技艺作支撑，但凡具备这些基本要点，就能打好一个专业人的根基。

好书出自好作者。刘骁作为《首饰设计与工艺系列丛书》的主编，很好地构建了珠宝首饰所关联的自然科学、社会科学与人文科学，汇集彼此迥异而又丰富的知识理论、研究方法和学科基础，形成以首饰相关工艺为基础、艺术与设计思维为导向，在商业和艺术语境下的首饰设计与创作方法为路径的教学框架。

该丛书是一套从入门到专业的实训类图书。每本图书的著者都具有首饰艺术与设计的亲身实践经历，能够引领读者进入他们的专业世界。一枚小首饰，展开后却可以是个大世界，创想、绘图、雕蜡、金工、镶嵌……都可以引入令人神往的境地，以激发读者满怀激情地去阅读与学习。在这个过程中，我们会与“硬数据”——可看可摸到的材料技艺和“软价值”——无从触及的思辨层面相遇，其中创意方法的传授应归结于思辨层面的引导与开启，借恰当的转译方式或优秀的案例助力启迪，这对创意能力的培养是行之有效的方法。用心细读可以看到，丛书中许多案例都是获得国内外专业大奖的优秀作品，他们不只是给出一个作品结果，更重要和有价值的，还在于把创作者的思辨与实践过程完美地呈现给了读者。读者从中可以了解到一件作品落地之前，每个节点变化由来的逻辑，这通常是一件好作品生成不可或缺的治学态度和实践过程，也是成就佳作的必由之路。本套丛书的主编刘骁老师和各位专著作者，是一批集教学与个人实践于一体的优秀青年专业人才，具有开放的胸襟与扎实的根基。他们在专业上，无论是为国内外各类知名品牌做项目设计总监，还是在探究颇具前瞻性的实验课题，抑或是专注社会的公益事业上，都充分展示出很强的文化传承性，融汇中西且转化自如。本套丛书对首饰设计与制作的常用或主要技能和工艺做了独立的编排，之于读者来讲是很难得的，能够完整深入地了解相关专业；之于我而言则还有另一个收获，那就是看到一批年轻优秀的专业人成长了起来，他们在我们的《十年·有声》之后的又一个十年里开枝散叶，各显神采。

党的二十大以来，提出了“实施科教兴国战略，强化现代化建设人才支撑”，我们要坚持为党育人，为国育才，“教育就像培植树苗，要不断修枝剪叶，即便有阳光、水分、良好的氛围，面对盘根错节、貌似昌盛的假象，要舍得修正，才能根深叶茂长成参天大树，修得正果。”[注] 由衷期待每一位热爱首饰艺术的读者能从书中获得滋养，感受生动鲜活的人生，一同开枝散叶，喜迎又一春。

辛丑年冬月初八

注：滕菲：《十年·有声——中央美术学院与国际当代首饰》，中国纺织出版社，2012，第 14 页

推荐序II

随着国民经济的快速发展，人民物质生活水平日益提高，大众对珠宝首饰的消费热情不断提升，人们不仅仅是为了保值与收藏，同时也对相关的艺术与文化更加感兴趣。越来越多的人希望通过亲身的设计和制作来抒发情感，创造具有个人风格的首饰艺术作品，或是以此为出发点形成商业化的产品与品牌，投身万众创业的新浪潮之中。

《首饰设计与工艺系列丛书》希望通过传播和普及首饰艺术设计与工艺相关的知识理论与实践经验，产生一定的社会效益：一是读者通过该系列丛书对首饰艺术文化有一定的了解和鉴赏，亲身体验设计创作首饰的乐趣，充实精神文化生活，这有益于身心健康和提升幸福感；二是以首饰艺术设计为切入点探索社会主义精神文明建设中社会美育的具体路径，促进社会和谐发展；三是以首饰设计制作的行业特点助力大众创业、万众创新的新浪潮，协同构建人人创新的社会新态势，在创造物质财富的过程中同时实现精神追求。

党的二十大报告指出“教育是国之大计、党之大计。培养什么人、怎样培养人、为谁培养人是教育的根本问题。”首饰艺术设计的普及和传播则是社会美育具体路径的探索。论语中“兴于诗，立于礼，成于乐”强调审美教育对于人格培养的作用，蔡元培先生曾倡导“美育是最重要、最基础的人生观教育”。首饰是穿戴的艺术，是生活的艺术。随着科技、经济的发展，社会消费水平的提升，首饰艺术理念日益深入人心，用于进行首饰创作的材料日益丰富和普及，为首饰进入人们的日常生活奠定了基础。人们可以通过佩戴、鉴赏、消费、收藏甚至亲手制作首饰参与审美活动，抒发情感，陶冶情操，得到美的享受，在优秀的首饰作品中形成享受艺术和文化的日常生活习惯，培养高品位的精神追求，在高雅艺术中宣泄表达，培养积极向上的生活态度。

人们在首饰设计制作实践中培养创造美和实现美的能力。首饰艺术设计是培养一个人观察力、感受力、想象力与创造力的有效方式，人们在家中就能展开独立的设计和制作工作，通过学习首饰制作工艺技术，把制作首饰当作工作学习之余的休闲方式，将所见所思所感通过制作的方式表达出来。在制作过程中专注于一处，体会“匠人”精神，在亲身体验中感受材料的多种美感与艺术潜力，在创作中找到乐趣、充实内心，又外化为可见的艺术欣赏。首饰是生活的艺术，具有良好艺术品位的首饰能够自然而然地将审美活动带入人们社会交往、生活休闲的情境中，起到滋养人心的作用。通过对首饰艺术文化的了解，人们可以掌握相关传统与习俗、时尚潮流，以及前沿科技在穿戴体验中的创新应用；同时它以鲜活和生动的姿态在历史长河中也折射出社会、经济、政治的某一方面，像水面泛起的粼粼波光，展现独特魅力。

首饰艺术设计的传播和普及有利于促进社会创业创新事业发展。创新不仅指的是技术、管理、流程、营销方面的创新，通过文化艺术的赋能给原有资源带来新价值的经营活动同样是创新。当前中国经济发展正处于新旧动能转换的关键期，“人人创新”，本质上是知识社会条件下创新民主化的实现。随着互联网、物联网、智能计算等数字技术所带来的知识获取和互动的便利，创业创新不再是少数人的专利，而是多数人的机会，他们既是需求者也是创新者，是拥有人文情怀的社会创新者。

随着相关工艺设备愈发向小型化、便捷化、家庭化发展，首饰制作的即时性、灵活性等优势更加突显。个人或多人小型工作空间能够灵活搭建，手工艺工具与小型机械化、数字化设备，如小型车床、3D 打印机等综合运用，操作更为便利，我们可以预见到一种更灵活的多元化“手工艺”形态的显现——并非回归于旧的技术，而是充分利用今日与未来技术所提供的潜能，回归于小规模的、个性化的工作，越来越多的生产活动将由个人、匠师所承担，与工业化大规模生产相互渗透、支撑与补充，创造力的碰撞将是巨大的，每一个个体都会实现多样化发展。同时，随着首饰的内涵与外延的不断深化和扩大，首饰的类型与市场也越来越细分与精准，除了传统中大型企业经营的高级珠宝、品牌连锁，也有个人创作的艺术首饰与定制。新的渠道与营销模式不断涌现，从线下的买手店、“快闪店”、创意市集、首饰艺廊，到网店、众筹、直播、社群营销等，愈发细分的市场与渠道，让差异化、个性化的体验与需求在日益丰富的工艺技术支持下释放出巨大能量和潜力。

本套丛书是在此目标和需求下应运而生的从入门到专业的实训类图书。丛书中有丰富的首饰制作实操所需各类工艺的讲授，如金工工艺、宝石镶嵌工艺、雕蜡工艺、珐琅工艺、玉石雕刻工艺等，囊括了首饰艺术设计相关的主要材料、工艺与技术，同时也包含首饰设计与创意方法的训练，以及首饰设计相关视觉表达所需的技法训练，如手绘效果图表达和计算机三维建模及渲染效果图，分别涉猎不同工具软件和操作技巧。本套丛书尝试在已有首饰及相关领域挖掘新认识、新产品、新意义，拓展并夯实首饰的内涵与外延，培养相关领域人才的复合型能力，以满足首饰相关的领域已经到来或即将面临的复杂状况和挑战。

本套丛书邀请了目前国内多所院校首饰专业教师与学术骨干作为主笔，如中央美术学院、清华大学美术学院、中国地质大学、北京服装学院、湖北美术学院等，他们有着深厚的艺术人文素养，掌握切实有效的教学方法，同时也具有丰富的实践经验，深耕相关行业多年，以跨学科思维及全球化的视野洞悉珠宝行业本身的机遇与挑战，对行业未来发展有独到见解。

青年强，则国家强。当代中国青年生逢其时，施展才干的舞台无比广阔，实现梦想的前景无比光明。希望本套丛书的编写不仅能丰富对首饰艺术有志趣的读者朋友们的艺术文化生活，同时也能促进高校素质教育相关课程的建设，为社会主义精神文明建设提供新方向和新路径。

刘胜

记于北京后沙峪寓所

2021 年 12 月 15 日

序言

PREFACE

当刘骁老师邀我写一本关于首饰创作方法的书时，一开始我是拒绝的。这是多么困难的一个主题，它既包含宏观抽象的内容，又涉及完全个人化的经验。此时我进行首饰教学不过 3 年，自觉无法胜任。委任于我，也许是因为我从接触首饰教学开始，就担任纯粹的创作课程的教学工作。在为中央美术学院首饰专业二年级学生设计的第一门专业课中，我尝试用多个快题，借助小说、摄影、插画、材料等媒介进行创作练习，打破学生们对首饰的固有认知，让学生们重新理解首饰。当然这只是一个开始，在他们未来学习和首饰创作的整个过程中，对首饰的理解都将伴随其中。每一个课题都开启了关于首饰的不同方面的思考，虽然浅尝辄止，却有了最初对于形态、材料、结构、叙事和反思 5 个创作策略的构想。后来我和几位同仁着手在湖北美术学院设立了服饰品专业。该专业各类课程近20多门，其实不同课程各有侧重，穿插分布在5种创作策略的构架下。低年级的课程会结合具体的专业技能，例如金工课与结构研究结合，雕蜡课与材料实验结合，模型软件课与形态设计结合。随着基础技能的完备，课程的自由度逐步放开，循序渐进地过渡到融会贯通的主题创作乃至毕业设计。因此对首饰创作的 5 种策略的设想，从一门课程发展为贯穿 3 年首饰教学的总纲，也就是本书的基本架构。在这个过程中我逐渐对创作本书有了一点点底气。

创作本书的另一个原因，仍然和首饰专业的第一门课有关。和制作技巧、历史文献乃至对首饰的概念相比，第一门课最重要的是建立一个首饰的开放的乐园。学生对首饰有了兴趣之后，授课自然水到渠成。在从事当代首饰的创作与教学过程中，我听到过许多不同的声音，例如艺术首饰就是以垃圾为材料，创造光怪陆离的形态，再附上高深拗口的设计说明。当代首饰有意无意呈现的面貌，成为人们接近它们的门槛，人们无法理解首饰又何谈兴趣的产生。但当我在课堂上将我所喜爱的作品的含义与创作原委分享给学生们时，他们也像我最初喜欢上这件作品时一样为之惊叹。所以本书着重分享的十几个系列作品，均为我所熟悉和喜爱的作品。关于它们的信息并非来自网络、书籍，甚至不是来自创作者的官方说明（这类说明往往简短晦涩），而是我通过与创作者本人对话得知的，这些信息力图展现创作的真实历程，避免观赏者望文生义和过度解读。这些信息包括：从最初的动机，到先做哪件后做哪件的创作顺序；过程中的实验，选择或没有选择某个实验结果的原因；某个潜意识里的形态和有意为之的结构。这些一方面能帮助首饰学习者了解创作者的创作思路和创作过程，另一方面也能为首饰爱好者提供欣赏它们的角度。不仅凭一张完美无瑕的图片来展现作品，而是会展示作品背后真实的故事和人，从而使其更容易被接近，更加丰满，更能让人产生思维的碰撞与情感的共鸣。

从事首饰教学工作以来，总有人问我能不能帮忙看一下他的镯子值多少钱，这反映了我们生活的世界仍然普遍对首饰缺乏想象。而这本关于首饰设计的书，也并不能让你习得“如何设计能让钻石显大，如何设计能将金重变少，如何设计一朵花能使之风姿绰约”的技法。比起这些它能够带给你更多，那是一粒关于首饰的种子，是对首饰的想象与信仰。我希望创造首饰的人，不用在工厂流水线上日复一日地打磨同一款戒指，不要成为一天画 50 款蝴蝶项链的画图员。我希望他们是在或许逼仄的工作室里，在焊枪的火光和抛光的碎屑中，即使双手沾满污渍，依然眼里有光，“灵魂有香气”（来自导师滕菲教授的展览“梅香”之导语）。

感谢我的导师滕菲教授，在我前进的道路上给予了很大的指导；感谢在学习过程中帮助我的老师与同行者；感谢刘骁老师的邀稿与督促；感谢写作过程中热忱、真诚地与我分享作品的每一位创作者，谢谢你们的信任；感谢一直陪伴我的学生们——王越、莫梓霞、彭冰洁、金峰正、葛松宁、蔡文嘉、吴钰康，他们协助我完成了许多案头工作；本书的主体内容书写于封城期间的武汉，感谢在生活与精神上永远支持我的家人。

作者

2022 年 1 月

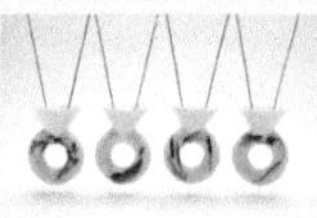

Contents **目录**

第1章
欢迎来到首饰的世界
CHAPTER 01

什么是首饰 **013**

◆ 珠宝与首饰（Jewelry） 013

◆ 配饰（Accessary） 014

◆ 艺术首饰（Art Jewelry） 018

◆ 本书将使用的“现代首饰”之概念 022

关于首饰创作和“好”的首饰创作 **023**

关于首饰的创作策略 **023**

第2章
现代首饰溯源
CHAPTER 02

现代设计诞生过程中的首饰 **026**

◆ 工艺美术运动中的“理想化的手艺人” 026

◆ 现代首饰诞生中的插曲——新艺术珠宝与装饰主义珠宝 028

◆ 首饰在包豪斯 031

1950—1960年艺术首饰的萌芽 **033**

◆ “第一个”首饰设计师 033

◆ 传统金工里的“自发性” 034

◆ 极简、几何、功能与工业材料 037

20世纪70年代之后的发展与困境 **041**

◆ 激进的实验：身体作为舞台 041

◆ 走向非物质：作为概念的首饰 046

美国艺术首饰简述 **049**

“太阳底下无新事” **055**

第3章
师在功夫——以形态为主导的创作策略
CHAPTER 03

什么是以形态为主导的创作策略 **058**

商业首饰设计中的形态设计 **059**

◆ 高效的生产与传播 059

◆ 从具体的形态设计到建立形态设计的规则 060

◆ 具体的形态设计 062

以形态为主导的艺术首饰作品案例 **065**

◆ 《时刻样本》——在感性与理性中生成 065

◆ 半开放式的首饰形态设计 070

目录 Contents

第 4 章

丰富而细腻的语言——以材料为主导的创作策略

CHAPTER 04

什么是以材料为主导的创作策略 080

“材料试验”中的掌控与失控 080

“客观材料”与“主观感受”的互译 081

以材料为主导的创作策略的两种基本思路 081

◆ 从材料的客观属性出发 082

◆ 以材料的主观性质为创作起点 084

以材料为主导的艺术首饰作品案例 085

◆《冷境》——用材料营造情绪与氛围 086

◆《蚊子包》——材料与情感的层层递进 090

◆ 物理属性与象征属性的编织——《我不煮面，我做首饰》 095

第 5 章

像发明家一样思考——以功能结构为主导的创作策略

CHAPTER 05

什么是以功能结构为主导的创作策略 100

以模型试验作为研究结构的手段 100

以功能结构为主导的创作策略的两种基本思路 101

◆ 首饰结构的创新 103

◆ 对其他结构的借鉴 105

以功能结构为主导的艺术首饰作品案例 106

◆《关节》——结构、机械与身体 106

◆《首饰盒》——“开合”之间的佩戴性与展陈性 111

◆《虚构想象的道具》——以结构作为想象的道具 113

Contents 目录

第 6 章
讲一个讲不清楚的故事——以叙事为主导的创作策略

CHAPTER 06

什么是以叙事为主导的创作策略 119

现成品在叙事性首饰中的使用 120

叙事内容的视觉转译 121

以叙事为主导的创作策略的基本思路——

以 Jack Cunningham 的作品为例 121

《低俗小说》——首饰蒙太奇 124

第 7 章
为什么用首饰表达——以反思为主导的创作策略

CHAPTER 07

什么是以反思为主导的创作策略 130

以首饰作为提问的策略 131

观点传达的准确性 131

如何展开关于首饰的反思 132

◆ 开启首饰的雷达 133

◆ 首饰作为媒介的 4 个维度 135

精准而克制的动作——以刘骁的创作为例 149

第 8 章
创作小贴士

CHAPTER 08

技术想象 154

把所有东西摆出来 155

幽默的力量 158

另一种精工细作 160

作品题目和视觉输出 162

结语　首饰创作策略的可能与不可能 168

第1章

欢迎来到首饰的世界

CHAPTER 01

什么是首饰

首饰是戒指、耳环、项链；首饰是黄金、钻石和珍珠；首饰是漂亮的、精美的、用来装饰人的；首饰是属于个人的，是回忆、是纪念、是信物；首饰是属于群体的，是民族、是地位、是身份；首饰是精神的，是仪式中的法器；首饰是物质的，是财富、是等价物、是金钱；首饰是工艺，是技术；首饰是艺术，是创造、是表达：这些都是首饰。人类文明发展的文化活动现象被浓缩进了首饰这个“微小”的载体中，因此它不但不会变得无关紧要，反而会变得非常值得被研究。

在我们的生活中，和首饰经常一起出现的词还有珠宝、配饰、时尚、艺术、商业……它们会以各种排列组合的方式出现——商业珠宝、艺术珠宝、首饰艺术、艺术首饰、时尚配饰等。这就是我们目前所面对的纷繁而割裂的首饰世界。正是由于存在各种各样的名称和概念，我们在讨论首饰的时候，可能南辕北辙，双方谈论的根本不是同一种东西。有些首饰在一部分人看来完全不能被称为首饰，被称为艺术品的珠宝在另一部分人看来也与艺术无关。这种困惑存在于首饰设计（通常被称为珠宝设计）的常态中、教学时课程名称的混乱使用中、学生进行职业规划时的迷茫中。

在这里笔者试图对首饰进行一个简要的分类。这里并不是要将首饰分为三六九等，而是有了这样的区分，我们就不会以一种刻板的唯一标准去衡量所有的首饰。正是因为承认这些差异，所以每一种首饰类型都可以拥有自己的规则和杰出的作品；也只有在明晰了每一种概念的范围之后，有效的对话和交流才得以展开。

◆ 珠宝与首饰（Jewelry）

毫无疑问，首饰对应的英文单词是“Jewelry”，但是当“Jewelry”被译为中文时则会产生歧义，它通常会被译成两个词——“首饰”或者“珠宝”。中文语境和人们的普遍观念并未仔细区分“珠宝”与“首饰”，甚至直接将两者整合为一个概念——“珠宝首饰”。提到“首饰”，人们脑海中首先浮现的也是黄金白银等制成的饰品，镶嵌着璀璨的钻石和彩色的珠宝的物件，如图 1-1 和图 1-2 所示。但珠宝并非是首饰的全部，未经镶嵌的宝石和刚从蚌中取出的珍珠都可以被称为珠宝，但显然它们不是首饰，如图 1-3 所示。因此珠宝可以被理解为一类材料，而珠宝首饰是首饰概念下的一种首饰类型；它以贵金属和宝石为主要材料，创造价值的方式建立在材料价值的基础之上，相应的设计活动则以体现和提升贵金属与宝石的价值为首要目的。Roland Barthes 曾用夸张而富有诗意的语言形容珠宝（宝石与黄金），“无论是钻石、金属、宝石还是黄金，它总是来自地球的深处，来自阴沉的、炙热的地心，是硬而冷的产物……是无可救药的死物”，但人类的想象赋予宝石以神性的、道德的象征，黄金则在剥离了一切实用性之后获得了价值本身。相比之下，Roland Barthes 认为首饰“在世俗化的过程中得到了解放，它不再服从一套价值标准、一种使用方式，首饰更加民主了”。

中国婚礼习俗中的三金（金戒指、金项链、金手镯）是以黄金为材质制成的典型的珠宝首饰。

图 1-1

图1-2

迄今为止世界上最大的钻石为1905年发现的3106.75克拉的“卡利南”，后来被分割成9粒大钻与诸多小碎钻。其中最大的一粒卡利南一号（Cullinan Ⅰ）被镶嵌在维多利亚女王的权杖上，是最负盛名并充满传奇色彩的皇室珠宝。

图1-3

图为《店中的金匠》（*The Goldsmith in his Shop*）的局部，1449年由Petrus Christus绘制，该作品将道德教化寓于世俗生活画面之中。金匠的陈列架上，既有制作好的戒指与胸针，也有未镶嵌的宝石，它们都可称为珠宝。

◆ 配饰（Accessary）

配饰（Accessary）涵盖的领域广阔，包括箱包、鞋履等，我们在这里讨论的是配饰中的首饰，也可以说是时尚首饰（Fashion Jewelry）或者时装首饰（Costume Jewelry）。尽管时尚首饰的兴起与20世纪法国时装产业的发展密不可分，但其概念的出现可以追溯到更早的18世纪。1724年，Georges Fréderic Strass通过调配铋和铊的比例，提高了玻璃的折光率，结合精心设计的切面制造出闪耀的莱茵石（Rhinestone，最开始以发现于莱茵河的水晶为原料，经过切割打磨后用于模仿钻石，后以玻璃为主要原料），并通过金属盐来获得不同的色彩。最后他在莱茵石的底部镀上金属涂层，使其更加明亮璀璨。此时，人造宝石虽然在模仿天然珠宝，但其体现的崭新的技术和高超的工艺并不亚于天然珠宝的魔力和价值，就连法国皇室都定制了大量的人造宝石饰品，如图1-4所示。到了19世纪末，Daniel Swarovski（丹尼尔·施华洛世奇）以富铅玻璃为原料制造出了色彩丰富、浓烈的人造仿水晶，可以媲美祖母绿宝石和红、蓝宝石，并发明了切割打磨人造宝石的机器，大大提高了生产效率，降低了人造宝石的成本，随着20世纪初时尚行业的不断发展，这些“人人都能拥有的宝石”在电影荧幕上大放异彩，如图1-5所示。值得一提的是，直到20世纪初，时尚首饰的主要功能仍然是作为天然珠宝的替代品，因此从形态设计到佩戴方式都是对珠宝首饰的模仿。时尚首饰地位的根本性的改变随着20世纪20年代巴黎高级时装屋的兴起而到来。高级时装不仅要出现在宴会厅里，也要出现在日常生活、郊游、工作等场合，甚至赛马场上，因此需要大量不同以往的首饰来进行装饰与搭配。更加重要的是人们对于时尚首饰态度的转变，其中作为设计师和时尚标杆的Gabriel Chanel（加布里埃尔·香奈儿）功不可没。她认为首饰不应该是用来展现财富的，而应该用来加强女性作为个体的独立性。1924年，在她创办的高级时装店的一楼展示着由合金、半宝石、仿水晶、人造珍珠与塑料制成的时尚配饰，引导习惯购买高级珠宝的客人将这些设计前卫的配饰与高级时装搭配穿戴。而她本人佩戴人造珍珠项链的经典形象，更向人们传达了一种观念——人造材料并不劣等，首饰和时装共同创造的美感更加重要，如图 1-6 和图 1-7 所示。时尚首饰可以在体量上更加夸张，在造型上更加自由，在颜色上则不限于天然宝石的色彩，最终彻底摆脱了对珠宝首饰的模仿，进而展现出了珠宝首饰无法比拟的自由度和想象力，如图 1-8 至图 1-10 所示。Floriane Muller 在《高级女装店的时尚配饰》（*Costume Jewelry for Haute Couture*）中记录了一个有趣的现象：当时的印度贵妇会在巴黎购买由合金与玻璃制成的时尚首饰，再回到印度让工匠按照时尚首饰的造型用真金白银重新打制。从对珠宝首饰的模仿到被珠宝首饰模仿，时尚首饰不再是珠宝首饰的仿品，而拥有了独立的审美价值。

图1-4

使用乔治人造宝石（Georgian strass）制作的首饰套装，大约制作于18世纪60年代。

图1-5

Gloria Swanson在《今夜或永不》（*Tonight or Never*）中的剧照，摄于1931年。她身着由香奈儿设计的戏服，上面缀饰了施华洛世奇水晶。

图1-6

位于巴黎康鹏街31号的香奈儿高级时装店的一楼专门用来展示与出售以非贵金属与人造宝石制成的时尚配饰。图片截取自纪录片《香奈儿的战争》。

图1-7

20世纪20年代，香奈儿将大小不一的珍珠项链多层叠戴，时髦而优雅。

图1-8

演员Gloria Swanson佩戴夸张的几何造型时装首饰，包括耳环、项链、手镯，以及与时装高度融合的肩带装饰。该作品拍摄于1927年。

图1-9

20世纪30年代由格里普瓦公司（Maison Gripoix）为香奈儿制作的胸针，其中使用了合金、琉璃等材料。格里普瓦是法国最早开始专门制作时装首饰的工坊之一，擅长以手工琉璃、人造珍珠、宝石等制作首饰。他们还为Christian Dior（克里斯汀·迪奥）、Givenchy（纪梵希）、Yves Saint Laurent（伊夫·圣罗兰）等品牌提供首饰设计与生产服务。

图1-10

1930—1932年，法国作家Elsa Triolet制作的时尚首饰。最开始她为自己制作首饰。她喜欢使用贝母、玻璃、皮革甚至树皮等各种综合材料，其不拘一格的设计受到了巴黎高级时装屋的青睐。

近年来时尚首饰的发展势头尤为强劲，这是因为在以图像为主要载体的社交媒介中，体量较大、设计新颖的时尚首饰总能第一时间抓住人们的眼球并迅速传播。因此，一方面人们对个性化的装扮越来越包容，另一方面越来越多的人成为这股浪潮的参与者，通过佩戴时尚首饰来展现自己的“社交筹码”。如今时尚首饰是最新材料、前卫概念、视觉效果、佩戴方式的试验场，用“风格时尚”“材料廉价”去概括它的特点都过于片面，如图 1-11 和图 1-12 所示。

图 1-11

尤目（YVMIN）与SHUNGSHU/TONG合作的2020年春夏秀款——巴洛克古典油画框系列，通过3D打印树脂制成。

图 1-12

Simone Rocha 2021春夏系列首饰，使用人造珍珠制成。该系列首饰包括头饰、身体装饰以及服装肩部装饰。

时尚首饰与珠宝首饰、艺术首饰最大的不同在于其作为大众消费品与时尚产业的密切联系。正如罗兰·巴特所认为的，从珠宝中解放出来的首饰并不会让它摆脱价值体系，只不过这是一套全新的评判标准，价值不再由宝石的稀有程度决定，“时尚品味”成了唯一的“法官”。符合“时尚品味”的首饰必须与整体造型统一，服务于风格的塑造，如图 1-13 所示。虽然如今时尚首饰并不一定要做服装的配角，“时尚品味”也绝不仅仅是从头到脚的一身行头，而已经融入到生活方式、休闲娱乐、社交媒体等方面，但时尚首饰的“法官”仍然是“时尚品味”——时尚首饰领域如今已经发展成了一个庞大而复杂的商业系统，已经建立起完全不同于商业珠宝的运作机制。

图 1-13

1937年的时尚插画体现出了时尚首饰如何依托于时装，作为其配角和装饰而存在的。扣子为腰部装饰，领夹则为领部的点睛之笔。

◆ 艺术首饰（Art Jewelry）

艺术首饰（Art Jewelry）是边界最模糊、定义最混乱的一个领域之一。将具有抽象几何特征的西欧艺术首饰和具有故事性、雕塑感的北美艺术首饰放在一起，它们恐怕有着更多的差异而非共性，如图 1-14 和图 1-15 所示。就连荷兰首饰艺术家 Gijs Bakker 都曾表示他无法理解为什么有人能同时欣赏这两种首饰，更别说对艺术首饰完全陌生的大众，他们只会更加觉得无从入手。但从艺术领域看，这种差异就不难理解了，我们完全可以同时欣赏构成主义的抽象和超写实主义的逼真。而在当代艺术的语境下，我们还可以接受影像、装置和行为。我们承认艺术家的创作价值，是认可这种非功利性的自我表达中的超出常人的创造力和想象力。那么同样在首饰中，当首饰成为一种表达的工具和媒介时，我们可以将其称为艺术首饰。对艺术首饰概念的讨论尚未尘埃落定，还有一些定义常常被用来描述这类首饰，它们有各自强调的重点和定义的局限，同样需要读者稍做了解。

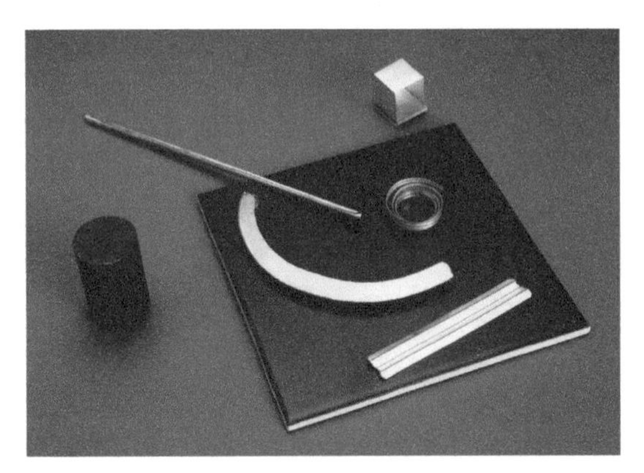

图 1-14

荷兰首饰艺术家Onne Boekhoudt于1983年创作的首饰作品，体现了西欧艺术首饰中的一种以抽象几何为主导的审美趣味。

图 1-15

美国金属与首饰艺术家Robert Ebendorf于1968年创作的胸针作品《男人与他的宠物蜜蜂》(*Man and his pet bee*)。该作品由铜片、相片与现成品（如仪表盘、蜜蜂玩具）等制成。

◆ 当代首饰（Contemporary Jewelry）

当代首饰是近年来的主流概念，在我国，它已经是一个约定俗成的称呼。例如滕菲教授主编的《十年·有声——中央美术学院与国际当代首饰》（2012 年），刘骁和李普曼主编的《当代首饰设计：灵感与表达的奇思妙想》（2014 年），周武、汪正虹、Ruudt Peters 主编的《“21 克”——2018 杭州当代国际首饰与金属艺术三年展》（2018 年）等作品中都使用过这个词语。在这个词语下，人们对这些千奇百怪的作品能够达成一种共识，就是它们不拘于材料、形式、佩戴与否，而以创作者的自我表达为最终目的。因此，从人们的使用习惯上来看，当代首饰几乎等同于艺术首饰。但严格来讲，当代首饰应该更加强调当代艺术的核心精神——批判性与反思性，这不是泛化为材料与形式的创新，而是尝试对既定概念和传统认知进行松动、反思与重塑。

◆ 首饰艺术（Jewelry Art）

首饰艺术与艺术首饰绝对不是无聊的文字游戏。在艺术首饰中许多作品最终并不是一件常规意义上的首饰，而是一本书、一个装置或者一段影像，因此其被诟病为“消解了首饰的意义，而不能被称为首饰”，如图 1-16 和图 1-17 所示。人们一方面可以坚持认为这部分作品也是艺术首饰，另一方面也可以用首饰艺术（以不同的艺术媒介围绕首饰议题展开的作品）去规避关于首饰是否必须拥有实体、是否可以被佩戴之类的争议。

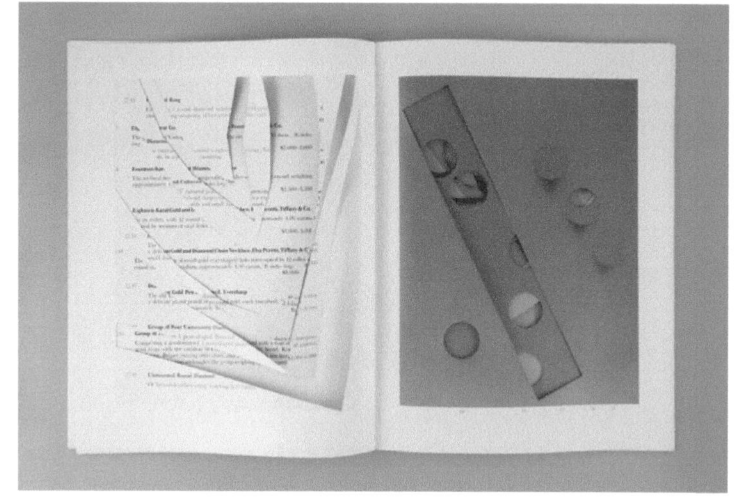

图 1-16

Suska Marckert是一位荷兰首饰艺术家，但她几乎从来不制作常规意义上的首饰，而常常以和首饰相关的新闻图片、报纸、画册等为媒介进行创作。她的作品《安迪 · 沃霍尔的收藏》（*Andy Warhols' Collection*）是将安迪 · 沃霍尔的珠宝手表收藏画册中所有珠宝图像都裁切掉，留下负形，成为令人遐想的宝藏。

图 1-17

魏子欣在名为《镶嵌》的个人作品展览中的一件作品。在她的设想中，观众离开画廊拧开门把手的瞬间，手握住把手而形成的镶嵌关系是这场展览的最后一件作品。

◆ 新首饰（New Jewelry）

“新首饰”这个概念目前并未被经常使用，因为“新”的定义实在太过模糊。但它是第一个被有意识地提出并用来总结“第二次世界大战”之后首饰创作中出现的新尝试、新思想的概念。“新首饰”最早由德国首饰设计师和教育家 Karl Schollmayer 在 1974 年出版的《新首饰》（*Neuer Schmuck*）中提出，1985 年英国艺术理论家 Peter Dormer 和首饰收藏家、评论家 Ralph Turner 出版的《新首饰》沿用了这一概念，用其来指代 1960 年之后的首饰设计的变革趋势。他们所指的“新”以传统珠宝为对立面，旨在以新的材料与形式，将首饰从材料价值中解放出来。但如此一来，前文提到的时尚首饰也被囊括其中，因此，用“新首饰”来概括我们所谓的艺术首饰不够准确。

◆ 身体雕塑（Body Sculpture）

在首饰艺术家们解释什么是艺术首饰、当代首饰的时候，他们喜欢使用“身体雕塑”这一概念。通过将首饰与雕塑类比，人们可以快速地建立首饰也是一种艺术媒介而不仅仅是手工艺品、装饰品的观念。同时，身体雕塑强调了首饰与身体的关系。它的局限是会让人们误以为只要将雕塑作品缩小就能得到艺术首饰，实际上这只保留了雕塑的 “形状”，而忽略了首饰作为艺术媒介的自身特性。例如建筑家 Frank Gehry 设计的具有解构主义风格的建筑与雕塑，在转化为 Tiffany（蒂芙尼）的首饰后成了商业珠宝，而不是艺术首饰，如图 1-18 和图 1-19 所示。缩小和镶石是将雕塑首饰化的必要程序，而不是在进行艺术创作时的表达手法。在此补充另一个常与艺术首饰混淆的概念——艺术家首饰（Artist Jewelry）。我们所熟悉的画家 Salvador Dalí 就曾创作过许多从他的雕塑和绘画作品转化而来的首饰作品（更准确地说应是珠宝首饰作品），如图 1-20 所示。但这些作品往往只是由艺术家提供草图或雕蜡，最终仍然由金匠完成制作，首饰媒介自身的象征性、材料性与制作性都没有得到挖掘。正如首饰历史学家 Guido Gregorietti 所说：“艺术家首饰的价值来自它们的作者（他们本身都是艺术家），但是只有金匠（首饰制作者）有意识也有能力创作出最好的首饰，因为没有对材料的深刻理解就无法在作品中营造出诗意的效果。” Ralph Turner 更尖锐地指出：“有一个普遍的错误认识，那就是画家或者雕塑家的首饰作品才能被称为艺术。首饰媒介是困难的，它所需要的思维储备与技术能力不可能在一夜之间获得。”艺术家首饰的概念将重心放在了艺术家上，从而否定了首饰制作者（传统中的金匠）在首饰创作中进行艺术表达的潜力和首饰作为艺术媒介的可能。

图 1-18

Frank Gehry设计的鱼形雕塑，位于巴塞罗那。

图1-19

蒂芙尼于2006年推出的艺术家系列。

图1-20

Salvador Dalí 于1963年设计的首饰作品《皇家之心》（*Royal Heart*）。

◆ 前卫首饰（Avant-garde Jewelry）

这里需要对这个概念进行简要阐释是因为人们对它的理解有着显著的不同。它常常被从两个方向进行解读：在第一个方向，人们参照前卫艺术的概念，认为前卫首饰是指在艺术首饰中具有前卫精神的作品；在第二个方向，人们将前卫首饰定义为更加模糊的首饰风格，多用于造型夸张、设计大胆的时尚首饰。但在艺术首饰领域中，前卫首饰主要指20世纪60年代在意大利兴起的帕多瓦学派的艺术首饰作品，代表艺术家有Mario Pinton，以及他的学生Giampaolo Babetto和Francesco Pavan。很难说他们的作品符合格林伯格对前卫精神的定义——对资产阶级庸俗文化的反叛。但与前卫艺术中的抽象绘画类似，他们只使用纯粹的几何形态与抽象语言，并通过高超的工艺精准地加工金属，使之产生丰富的形态变化与微妙的肌理效果，如图1-21和图1-22所示。

图1-21

Mario Pinton于1968年制作的胸针。

图1-22

Francesco Pavan的胸针作品。

◆ 工作室首饰（Studio Jewelry）

工作室首饰（Studio Jewelry）的概念主要流行于北美地区，用于指代20世纪30年代开始兴起的，那些独立于珠宝品牌之外，在金匠、设计师或艺术家的工作室内完成的作品，这些作品成了美国现代首饰的起点，如图1-23所示。它主要强调的是生产与制作方式——手工、少量、独立完成。但是由于珠宝也可以由同样的方式进行生产，艺术首饰也可以不由创作者独立完成，所以工作室首饰的定义已经非常模糊。

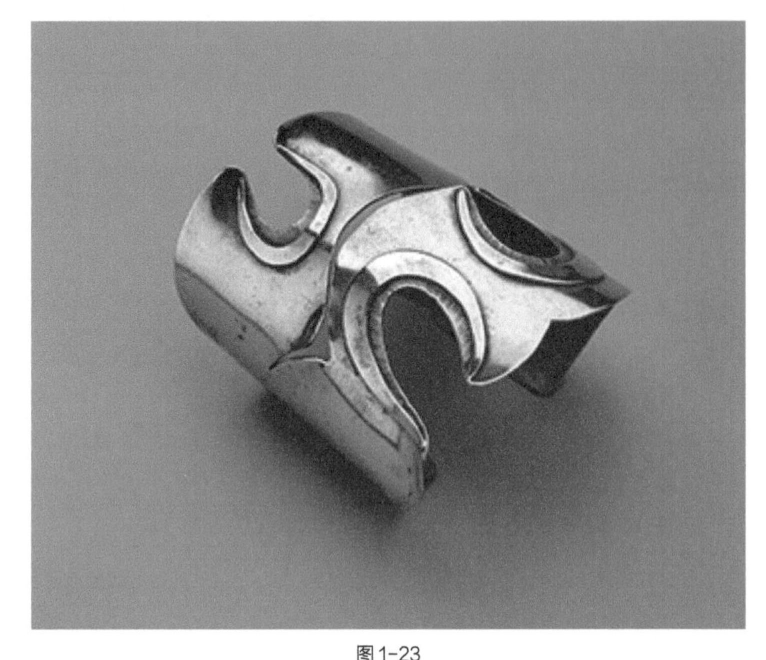

图1-23

Art Smith的《三个洞的镯子》（*Three hole cuff*），制作于20世纪50年代。

◆ 本书将使用的“现代首饰”之概念

概括而言，珠宝首饰、时尚首饰和艺术首饰分别以材料价值、时尚产业和自我表达为基石，我们不能脱离各种类型的首饰所处的特定语境去谈论、评价它们。那么，当我们再看到“艺术珠宝”这样的称呼时，就能知道这里的“艺术”并不是指这件作品的创作者像艺术家一样在进行自我表达，它被创作的目的仍然是体现材料价值。但是在体现这个价值的过程中，人们更加注重视觉美感或者工艺创新，所以用“艺术”作为修辞去突出它的“精美”和“创造性”。

本书的第2章将简要地阐述现代首饰的历史，将各种各样的首饰展现给读者。“现代首饰”一词只对时间段进行了限定，即20世纪以来的首饰。虽然现代首饰以艺术首饰为主，但它并不排斥珠宝首饰与时尚首饰，更没有对艺术首饰之下的各个定义进行细分。事实上许多作品在被创作的时候，珠宝首饰、时尚首饰、艺术首饰的概念尚未形成。你可以在这个过程中不断问自己：它是艺术首饰还是珠宝首饰？它是否可以同时具有几种概念？在不同的时代它的概念是否发生了变化？是什么让它更接近于艺术首饰而不是珠宝首饰？更重要的是，你要在这个过程中形成自己的对于首饰的理解和定义，甚至可以认为某些例子中呈现的根本就不是首饰。最终，你如何定义首饰将成为你如何制作首饰的指南。

关于首饰创作和“好”的首饰创作

一般认为，设计是满足他人需求和解决问题的，具有实用目的，而艺术创作是进行自我表达、自我满足、没有功利性。但现在人们越来越普遍地认为设计不仅仅局限于“造物”，而是通过对各要素进行安排，将对象合理化的过程。譬如通过结构设计将功能合理化，通过流程设计将成本合理化，通过媒介的选择将概念传达合理化，通过各方利益的协调将系统合理化。设计的对象从孤立的物品扩展到事件、系统以及人与社会、人与自然的关系。所以艺术创作也可以被广义的设计所包含。为了避免因为对设计（Design）和艺术（Art）的理解不同而导致的歧义，笔者选择用首饰创作（Jewelry Making）来概括。

乍看起来，珠宝首饰、时尚配饰和艺术首饰的创作内容是如此不同，有的在对宝石精雕细琢，有的在CAD里严谨地推敲模型，有的在垃圾和废品中寻找宝藏。但无论怎样它们都包含两个部分：概念部分与实感部分。概念是创作首饰的思想动机，可以是为了表现一块宝石的美丽，可以是为了创造一件有记忆点的时尚单品，也可以是为了表达创作者的某种情绪。而实感就首饰而言，主要是指创作者可以调动的材料、形态、结构、颜色等视觉因素，也包括重量、肌理、质感等佩戴者能感受到的触觉因素，甚至还可以包含听觉与嗅觉因素，并且这些因素不仅体现在首饰本身上，还体现在首饰的摄影、包装、展览与呈现等方面。

首饰创作便是通过实感的创造去传达概念的过程。那么“好”的首饰创作最基本的标准便是，实感的创造实现了概念的表达，满足了创作的动机。“实现”和“满足”的方式是多种多样的，可以直接、强烈，也可以隐晦、含蓄，还可以浪漫、诗意。好的首饰创作让首饰拥有了不同的风格与面貌。

关于首饰的创作策略

将概念实感化的过程所采用的方法便是创作策略，而这些创作策略就是本书希望分享给读者的重要内容，它们分别是“以形态为主导”的创作策略、“以材料为主导”的创作策略、“以功能结构为主导”的创作策略，“以叙事为主导”的创作策略和“以反思为主导”的创作策略。不同的创作策略所面对的主要问题不同，对创作者的能力要求也不同。

“以形态为主导”的创作策略面对的主要问题包括：为什么用这些形态？形态是否能够传达所要表现的内

容？如何对形态进行处理（比例、尺寸、形状）？对形态的处理是否有自己的独特之处？

“以材料为主导”的创作策略面对的主要问题包括：为什么使用这种材料？材料与内容之间是什么关系？如何处理这种材料？不同材料如何结合？材料呈现的状态是否符合所要表达的内容？对材料的使用和处理是否有创造性？

“以功能结构为主导”的创作策略面对的主要问题包括：为了达到某种功能需要怎样的结构？结构如何设计、如何制作、如何实现？这种功能结构能为首饰带来什么？这种结构除了功能性，是否能达到别的目的（趣味、审美、互动）？

“以叙事为主导”的创作策略面对的主要问题包括：如何用首饰来承载一个故事？时间性的故事如何通过静态的物体表达？故事中的意象如何通过首饰语言进行转化？如何通过各部分间的安排进行叙事？

“以反思为主导”的创作策略面对的主要问题包括：为什么这个问题需要通过首饰来进行反思？如何通过首饰进行反思？

当然每个作品的创作绝不仅仅只用到一种策略，任何作品都需要调动创作者的多种能力。事实上，当沉浸在创作中时，创作者会自然而然地在各种创作策略中游走。我们做这样的区分主要有两个目的：第一是借鉴，第二是训练。当我们在借鉴和学习他人的作品时，如果只看最终结果，很容易陷入从视觉到视觉，从经验到经验的循环中。我们通常只有在了解到作品的创作动机和创作策略后，才能捕捉到作品的创作核心。例如这件作品中的着力点在功能结构上，那么我们便可以从功能结构的角度去分析：它的创作动机是什么？为什么要使用这样的功能结构？它怎样满足了创作动机？对功能结构进行了怎样的视觉处理？等等。当然这个功能结构还需要被赋予一个形态，并通过材料体现。但此时，形态、材料的选择和处理，往往是为了实现结构的功能性。因此，复制它的外形或者模仿材料的用法是没有多大意义的。同时，在训练的过程中，我们可以刻意地通过使用不同的创作策略去训练自己不同的能力。最终也许你会找到最合适、最喜欢的方式，但不要轻易否定某种创作策略或者轻视自己的某种能力。

本书将不以“构思—草图—材料实验—模型—制作”这样的步骤进行书写。笔者见过很多不画草图的首饰艺术家，而模型制作在以功能结构为主导的和以反思为主导的创作策略中的作用也是完全不一样的。所以一般性的步骤很容易流于形式，只有当我们明白自己的创作动机，采取相应的创作策略的时候，才能知道每个动作的目的是什么。本书的第 3~7 章将就每种创作策略做具体介绍，并结合实例展现作品背后的思考过程和创作方法。第 8 章则会不拘泥于某种创作策略，给出一些具体可行的学习与创作建议。

也许你对首饰创作完全不了解，但这本书介绍的各种作品，一定会开拓你对首饰的认识；也许你一开始只是被它美丽的外表吸引，但它有远比美丽更加有趣的灵魂；也许你已经听说过艺术首饰、当代首饰，但对它们光怪陆离的样子敬而远之。那么，通过这本书，你可以对这个领域有一个更加系统的了解。它们不是故作高深和怪异（虽然不乏无病呻吟的作品，但这在任何艺术领域中都不罕见），而是由创作者们真诚的情感、真实的思考和孜孜不倦的创作推动形成的现在的面貌。或许你已经是一个首饰创作者，那么这些创作策略则试图从极具个性的创作过程中总结和提炼出一点共性，希望能对你有所启发。必须承认，现代首饰无论在外延和内涵这样最基础的定义上，还是在历史沿革的梳理上仍然存在着大量的空白。目前主要的资料都建立在英语、德语视角的记录上。而书写创作方法则更加困难，以致笔者执笔时战战兢兢。我们不可能拥有全部的真相，因此笔者只能真诚地写下自己的“偏见”。只有当越来越多的人贡献出各自不同的“偏见”时，思想才能交流，有价值的首饰理论才能形成。

第2章

现代首饰溯源

CHAPTER 02

现代设计诞生过程中的首饰

如果将史前的贝珠、石砾视为最早的首饰，那么首饰的历史可以追溯到大约 7 万年前。到了公元前 3000—公元前 2000 年，首饰发展趋于成熟。博物馆中的一件 4500 多年前的苏美尔项链，现代人也完全可以佩戴，甚至毫不违和，只不过带有某种复古的异域风情，如图 2-1 所示。锻打、锤碟、铸造、雕刻和细金工艺，这些至今仍然被使用的首饰技艺在当时都已经基本成形，有的甚至已经相当成熟；黄金、宝石、玉石已经成了首饰的主要原料；此外，还发展出头饰、项圈、戒圈、臂环等形制，这些和现在的珠宝首饰已经十分接近。随着历史发展，王朝更替，材料与技术在地域之间交换流通，首饰的主题、形态像万花筒一样发展演变，非一本大部头不能窥其一斑，例如休・泰特编著的《7000 年珠宝史》和史永、贺贝的著作《珠宝简史》。

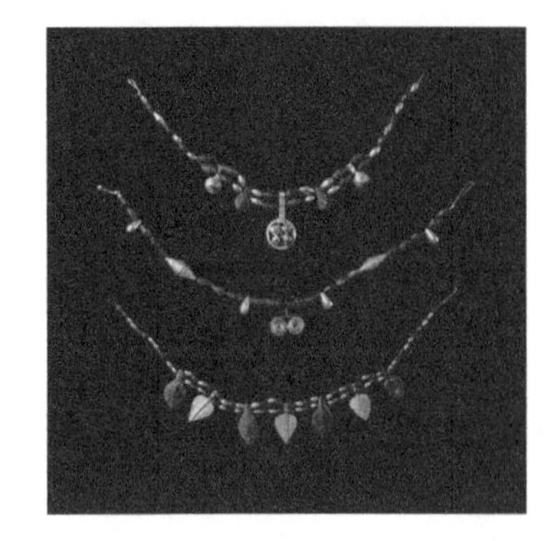

图 2-1

公元前2500年的项链，发掘于乌尔王朝皇室墓穴，位于现在的伊拉克巴格达南部，使用的材料为黄金、青金石和玛瑙。

然而，本书所聚焦的艺术首饰，无论从视觉呈现还是创作理念上都已与历史中的这些首饰大相径庭。从首饰诞生之初按时间顺序进行梳理，既过于迂回，也过于冗长。因此，本章追溯时间点起始于现代主义设计的前奏——工艺美术运动（Arts and Crafts Movement），工艺美术运动比真正意义上的艺术首饰早诞生一个世纪，它是辐射全球的现代设计的启迪，毫不夸张地说它改变了人类生活的图景，至今我们仍然生活在其余波里。

◆ 工艺美术运动中的“理想化的手艺人”

工艺美术运动起源于 1850 年的英国，在近半个世纪的时间内该运动的参与者们一直是西方设计界的主要力量。他们以设计师 William Morris（1834—1896）和美术理论家、教育家 John Ruskin(1819—1900）为领袖，希望通过复兴手工艺，在视觉上借助自然形态、中世纪艺术和日本风格，来对抗机器生产带来的丑陋产品，以及更进一步地解决机器生产带来的社会问题，其作品如图 2-2 至图 2-4 所示。

图 2-2

红房子（Red House）是William Morris的私人住宅。该建筑于1859年由William Morris和建筑师Philip Webb设计，其一反当时住宅普遍采用的对称布局、粉饰表面等形式，体现了民间建筑和中世纪建筑的质朴、别致。

图 2-3

1800年竣工的白宫是典型的新古典主义建筑（Neoclassical Architec ture）。这是与红房子处于同一时期的主流建筑形式，运用了大量的罗马柱、三角楣等装饰。

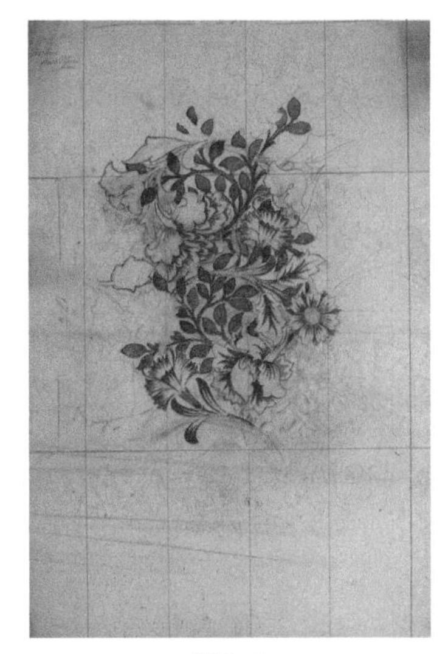

图 2-4

William Morris的壁纸设计手稿，他运用了大量的植物作为装饰纹样。

只要看一眼我们身边的日常物品，我们会发现它们几乎全部是由机器生产的，我们也就能知道手工艺的复兴只能是梦幻泡影。工艺美术运动强调“设计为人服务，快乐的制作者才能做出美好的产品，美好的产品能培养人的美好品德”。但手工制作的“美好”，最终还是因为过于昂贵和稀有，失去了他们想要服务的“人”。这场运动是站在工业世界的门口，对人类永远告别了的那个恬静的手工时代的一份眷念。现代化和工业化的到来无法逆转，但工艺美术运动对于设计的民主性、社会责任和人文关怀的强调，让它成为现代设计的启明星。工艺美术运动对于现代首饰的影响，同样不是在视觉风格上，而是在理念上。例如，现代首饰的先驱者Hermann Junger（1928—2005）无疑是首饰领域中对于William Morris提出的“理想化的手艺人”（Idealized Craftsman）的践行者。Hermann Junger在金工创作时，希望将人类的两种美好的力量融合在一起，只有这样，人才是完整的、不分裂的、获得内在平衡与和谐的。这两种力量正是John Ruskin曾指出的被工业社会割裂开的思想和劳作。现代首饰的一个很重要角色，就是呈现思想和劳作的完美融合的和谐状态。工艺美术运动时期珠宝首饰的典型代表是英国莱柏提公司（Liberty & Co.）生产的银饰，这些银饰具有明显的凯尔特风格。莱柏提公司向艺术家约稿，并与伯明翰艺术学院合作，进行高品质银饰的设计。德国普福尔兹海姆珠宝商法纳珠宝（Fahrner）同样为莱柏提供应产品。这种与艺术家、院校、珠宝商合作的方式，对工业化生产的商业首饰产生了积极的影响，这类首饰如图 2-5 所示。

图 2-5

腰带扣饰品，由法纳珠宝的设计师Patriz Huber于1901年设计。该首饰由银质材料制成，上面镶有玛瑙，具有典型的凯尔特风格。

◆ 现代首饰诞生中的插曲——新艺术珠宝与装饰主义珠宝

“新艺术运动”(Art Nouveau)和“装饰艺术运动”(Art Deco movement)是艺术与设计领域两次重大的改革运动。前者以法国为中心，浪漫妩媚的曲线风格在比利时、西班牙、意大利等非英语国家得到充分的发展，最后在奥地利和德国演变为“分离派”和“青年风格”，开始向现代主义设计过渡。它继承了工艺美术运动中对自然形态的崇尚，但放弃了对任何一种传统装饰的模仿，因此与19世纪人们热衷的历史复兴风格和折中主义分道扬镳，其代表作品如图2-6和图2-7所示。后者同样起源于法国，但在美国大放异彩。装饰艺术运动并不排斥工艺美术运动和新艺术运动所反对的工业化的生产方式，所以它产生的影响从奢侈工艺品扩大到了建筑设计、工业产品设计等更加公共化的领域，其代表作品如图2-8和图2-9所示。这两次设计运动涉及的领域广泛、影响深远、面貌也非常多样复杂，并不能将其简单地定义为一种视觉意义上的风格。

图2-6

由Hetcor Guimard设计的法国地铁入口，用铸铁和玻璃建成，像植物花枝与动物骨骼的混合体。

图2-7

1895年，Alphonse Maria Mucha为舞台剧《古斯蒙达》(*Gismonda*)绘制的海报，女主角Sarah Bernhardt是新艺术运动中的一位“缪斯”。

图2-8

1930年建成的东哥伦比亚大楼位于洛杉矶市中心，是典型的装饰艺术建筑。贵重的材料饰面、凸出的装饰条、放射状的几何形态、强调垂直感等都是装饰艺术中常见的表现手法。

图2-9

1929—1931年，美国特列克隆（Telechron）公司生产的坐钟，具有典型的装饰艺术风格。

“新艺术珠宝”（Art Nouveau Jewelry）和“装饰艺术珠宝”（Art Deco Jewelry）却是两种有着明显视觉特点的珠宝类型。女性、动物、昆虫、花卉等形象将新艺术珠宝装点得分外妖娆。有机的自然形态被提炼为更加饱满、优雅的曲线。造型总体对称，但在细微处打破了对称，增加了自然的灵动感。珐琅，尤其是空窗珐琅，特别适合表现具有半透明感的、脆弱唯美的意象（例如蝴蝶翅膀）。神秘的生物、攀援的藤蔓，这些视觉符号并不是纯然的审美趣味，而是伴随着歌舞表演中的性感女星、游走于上流社会的美艳名媛一起，表达了一种压抑已久的女性力量，如图 2-10 至图 2-12 所示。装饰艺术珠宝则具有简洁的几何外形和强烈的色彩系统。不同于以曲线和有机形态为特点的新艺术珠宝，装饰艺术珠宝主要呈现抽象的几何形态，例如，通过长方形的叠加，呈现放射状、台阶状、箭头状等。这既体现受到古埃及、玛雅文化中金字塔形象的影响，又体现出摩登都市时代的力量感和未来感。在颜色上，不同于新艺术珠宝所追求的柔和与微妙，装饰艺术珠宝的配色浓烈而大胆。被大块切割的半宝石提供了不加调和的高饱和色彩，例如，黑色缟玛瑙、翠绿的碧玉、波斯靛的青金石等，色彩之间边界清晰、对比强烈。值得注意的是，由于能够模仿粉珊瑚、红玉髓和玳瑁等半宝石材料，赛璐珞塑料（Celluloid）和酪素塑料（Galalith）开始在珠宝制作中异军突起，由这两种塑料制成的首饰是最早的塑料首饰并被广泛接受，如图 2-13 和图 2-14 所示。

新艺术珠宝和装饰艺术珠宝对于珠宝发展史来说是两个重要的历史风格，但现代首饰的启蒙并不是它们。因为它们以“装饰”为主要设计手法，以富裕的上层阶级为主要服务对象，这和现代设计在精神上有着本质区别。但较早的工艺美术运动，在强调为大众服务的核心理念上却与现代设计的意识形态更加接近。它们在题材、工艺、材料上有所创新，但在思想上并没有突破传统首饰的工艺美和物质性。 现代设计的先驱之一——Henry van de Velde（1863—1957），在他的《应用美术的布道》（*Layman's Sermons on Applied Art*）中这样评说当时的新艺术珠宝："如今的首饰已经沦为最次要的人造发明。如果飞鸽传书在这个时代是过时的、荒谬的，我不明白为什么首饰上的荒谬大家就察觉不到，例如花朵上的蜻蜓，或者女性丰饶的秀发上挂着的珍珠"。

图 2-10

1893—1894年，René Lalique制作的蜻蜓胸针。

图 2-11

法国维维尔（Vever）珠宝于1900年制作的西尔维娅吊坠（Sylvia），由黄金、玛瑙、钻石、红宝石、珐琅等制成。

图 2-12

法国富凯（Fouquet）珠宝于1901年制作的胸针，用异形鲍珍珠制作了整个鱼身，用空窗珐琅组成了鱼鳍和鱼尾。

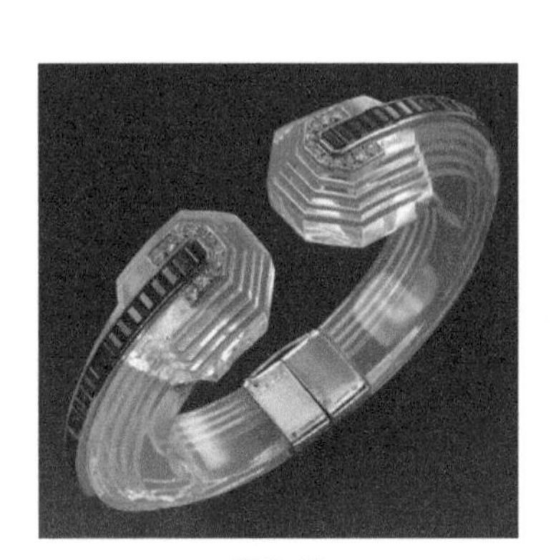

图 2-13

1925年，由法国勒内·博伊文（René Boivin）珠宝制作的手镯，由石英水晶、铂金、蓝宝石与钻石制成。白水晶被雕刻成几何台阶状，简洁而充满力量感。

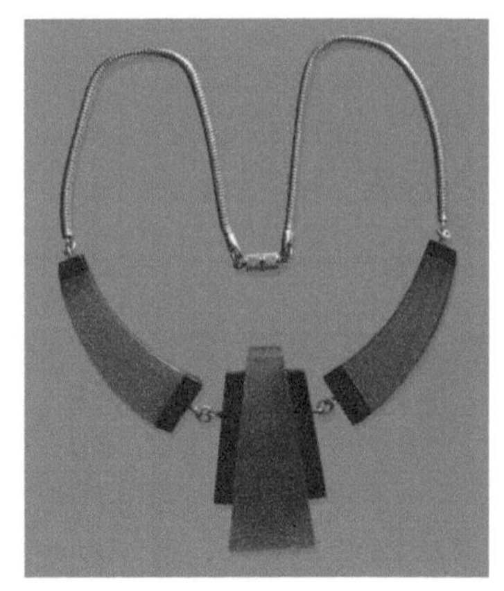

图 2-14

塑料和镀铬合金做成的珠宝成了一种时尚。

◆ 首饰在包豪斯

包豪斯（Bauhaus）由 Walter Gropius（1883—1969）于 1919 年在威尔德的魏玛艺术与工艺学校（the School of Arts and Crafts in Weimar）的基础上创建。它奠定了现代主义设计的思想和实践基础，开创了影响至今的现代设计、艺术的基础教育体系，更通过受包豪斯理念影响的现代建筑、工业产品、平面设计等改变了我们生活的世界。这不禁让人忘记它其实不过短短 14 年的历史，在两次世界大战之间的短时期内，包豪斯聚集了当时最优秀的一批前卫艺术家、设计师，他们在教学和生活中，进行着对艺术与工艺、手工制造与工业化生产、功能与形式等现代设计核心问题的探讨，甚至更进一步地进行平等、互助、紧密合作的理想化的社会模型的实验。而在后期，包豪斯将更多的精力投入到了现代化材料、技术、生产方式以及与之相匹配的现代设计语言的开发和探索上。通过与企业合作，包豪斯将教学理念和设计作品，推向了行业和社会，让它不仅仅是空中楼阁般的乌托邦。包豪斯的工作室制度打破了传统教育中将艺术和技术完全分割的状态。在纯艺术院校里，学生只画画不动手制作；而在传统的工匠训练中，则全部是技能训练，即使有绘画训练也仅限于透视法、工业制图等为技术服务的绘图训练。在包豪斯，形式导师（Master of Form）负责进行诸如素描、色彩、立体构成等艺术基本素养的培养，工作室导师（Workshop Master）则在陶瓷、木工、版画等工作室中给予学生们各种工艺和材料上的技术支撑。金属工作室也是其中的工作坊之一，但主要集中在摆件、家具等产品设计上。包豪斯的师生、校舍、金属工作室和学生作品等如图 2-15 至图 2-18 所示。

图 2-15

德绍时期的包豪斯氛围轻松，师生们经常举办派对、音乐会、舞台剧等，并一手承办了舞台、服装、道具、平面设计等工作。

图 2-16

1926年包豪斯的新校舍落成。从建筑设计到内部设备、家具全部由师生设计，并在包豪斯自己的工厂制造完成。它是对“现代主义设计建筑可以改变人的行为”的理念的一次实践。

图 2-17

1923年，包豪斯的金属工作室。

图 2-18

1924年，Marianne Brandt设计的一组咖啡壶和茶具，她是包豪斯培养出的杰出的女设计师之一，后来留校任教。

包豪斯的首饰课程很少，主要由金属工作室的技师 Naum Slutzky（1894—1965）负责。他喜欢用简洁的几何造型，例如同心圆，结合木头、象牙等综合材料进行创作，他创作出来的作品并非是用机械生产出来的精确的标准化产品。Walter Gropius 这样评价 Naum Slutzky：通过技术和材料，用很少的动作获得具有冲击力的效果，如图 2-19 和图 2-20 所示。1924 年 Naum Slutzky 离开了包豪斯，1933 年纳粹执掌德国政权，他被迫移民到了英国，并将自己对于首饰创作的理念带到了那里。另一位对首饰产生较大影响的是 Laszlo Moholy-Nagy（1895—1946），他于 1923 年从 Johannes Itten（1888—1967）手中接管了金属工作室，后者是包豪斯基础课教学的形式导师，兼任金属工作室负责人。Laszlo Moholy-Nagy 对于首饰“应该将宝石抓在空中，让它们飘浮在空中”的建议，影响了 Friedrich Becker（1922—1997）的宝石镶嵌方式， 1937 年 Laszlo Moholy-Nagy 在芝加哥创建了新包豪斯（New Bauhaus），也就是后来的芝加哥美术学院（School of the Art Institution of Chicago），影响了包括 Margaret de Patta（1903—1964）在内的早期的美国首饰设计师。

图 2-19

1920—1922年，Naum Slutzky制作的吊坠，这种同心圆的形态经常出现在他的作品当中。

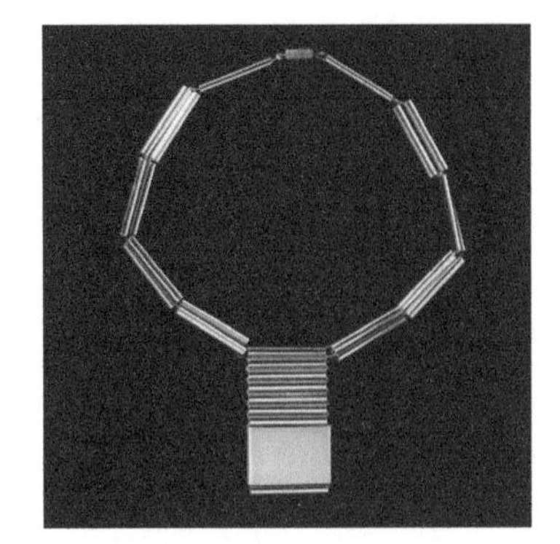

图 2-20

1930年，Naum Slutzky制作的项链，材料为黄铜镀铬。

虽然首饰创作在包豪斯的教学中处于边缘地位，但是包豪斯对于“现代主义设计”意识形态的塑造，包括革命性、民主性、个人性、主观性等精神内涵，同样被植入到了首饰创作之中。而以观念为中心、以解决问题为中心的设计方法，则根本区别于传统金匠在沿用各种历史风格的基础上进行装饰设计的工作方法。这些都逐渐促进现代首饰从意识形态、工作方法到视觉呈现都走向和传统首饰完全不同的方向。包豪斯的理念迅速蔓延到德国其他地区，包括一些拥有悠久的金银匠传统的地方，例如哈瑙和普福尔兹海姆（这里诞生了我们接下来要介绍的设计师），他们的身份从金银匠开始向设计师或者艺术家转变。

1950—1960 年艺术首饰的萌芽

艺术首饰诞生于 20 世纪 60 年代的欧洲，最初的显著特点是反对贵金属和珠宝对于首饰材料的垄断，希望将首饰从特定的社会阶级中解放出来，以首饰为媒介进行个人化的艺术创作，具有明显的民主倾向。“第二次世界大战”之后的欧洲满目疮痍、百废待兴，一方面客观条件上的物资匮乏导致传统贵金属首饰的生产与发展受阻；另一方面世界大战造成的巨大悲剧令人们深刻地反思资本主义制度带来的政治压抑、社会不公、劳动剥削等问题，这些具有批判性的思潮同样也作用于首饰创作的观念上。与此同时，相关专业在高校中逐渐兴起，高等艺术学院培养了一批专业的首饰设计师，受到前卫艺术教育的年轻人开始从事首饰行业，而传统金匠也受到艺术环境的影响，从首饰内部做出革新，他们共同促成了首饰面貌的改变。

◆ “第一个”首饰设计师

Karl Schollmayer 在 1974 年出版的《新首饰》(*Neuer Schmuck*)一书中，将 Sigurd Persson(1914—2003)喻为他所处的时代里的第一个首饰设计师，同时他也是斯堪的纳维亚现代主义设计的重要先驱之一。Sigurd Persson 曾在慕尼黑美术学院（Munich Academy of Creative Art）学习金匠工艺，师从 Franz Rickert(1904—1991)，后者还培养了现代首饰发展历程中的另一位关键人物——Hermann Junger(1928—2005)。受 20 世纪社会学家例如齐美尔的影响，Sigurd Persson 一直在思考如何不局限于继承传统的首饰类型 (Type) 与形式 (Form)，而以一种全新的方式来回应现代工业社会所带来的影响。1950 年，当他的首个个人展览在斯德哥尔摩举办时，人们看到了包豪斯式的简洁的、纯粹的美感。而他在 20 世纪 60 年代创作的 77 枚戒指则更加体现了他对于所处时代的回应，如图 2-21 所示。无论是受构成主义（Constructivism）的影响，展现 20 世纪初现代技术带来的巨大力量感；还是受建筑设计中正在出现的粗野主义（Brutalism）的影响，将材料与结构不加修饰地大胆暴露，总之，在他的作品中，金属和宝石成了夸张而硬朗的几何体块，体现出一种持续而稳定的内在力量。一方面 Sigurd Persson 在不断地尝试将各种形态进行简化，另一方面则在探索如何从这些形态中体现内在的张力。与商业公司合作并设计工业产品的经历（他设计了许多经典的烛台、茶壶产品）给予了 Sigurd Persson 乐观的态度与专业的能力去拥抱现代技术时代的到来。这也是 Karl Schollmayer 所指出的问题：“现代的科技与工业社会会给首饰这个古老的命题带来危害么？Sigurd Persson 用他的作品证明了，当然不会！”也许在现在看来，这些戒指造型简单夸张，和当下流行的时尚配饰无异。但在那个时候，它们绝不仅仅是组合在一起的简单形状，而是在首饰中通过材料、形态、工艺等进行深入的自我表达、文化思考的最早的例子之一。这也是 Karl Schollmayer 将他视作第一个首饰设计师的原因，他的经历展现了首饰设计师从一个工匠的身份到自我意识觉醒的过程。

图 2-21

1960年，Sigurd Persson的77枚戒指，主要材料为银镀金和水晶。

◆ 传统金工里的“自发性”

Hermann Junger（1928—2005）出生于具有悠久金匠传统的“高贵珠宝之城”——哈瑙，所以很早就开始接受系统严格的金匠训练。但他发现标准化的工艺流程限制了自己的创造力，他所掌握的传统技巧也无法将他想要表达的内容制作出来。在当时的传统中，金匠往往只是将图纸转化为实物的一个工具、一个环节，他对这种被动的角色感到失望。反倒是在绘画中，他能体会到作为创作者的主动性与自发性，并以此来引导自己的金工实践，这种方式伴随了他整个创作生涯。随后，在慕尼黑美术学院学习期间，他遇到了我们前面提到的 Franz Rickert。虽然作为传统金匠领域的权威，Franz Rickert 却鼓励学生进行个性化的探索与表达，他的认可为这些在当时看上去既不规范也不精美的金工作品提供了支持。Hermann Junger 拒绝“冷冰冰的完美”，深浅不一的凿痕和旁逸斜出的凸起是绘画中的笔触和线条，不规则的宝石则是颜色——“它们不能调和，但能带来无数种选择与搭配”。他深受两种艺术流派的影响：从德国表现主义画家 Julius Bissier（1893—1965）和 Peter Bruning（1929—1970）的作品中 ，获得抽象、斑驳、轻盈、流动等特质；从原始主义中受到拜物教 (Fetishism) 和部落图腾（Tribal Image）的影响。他用这些去对抗工艺的“理性”与“克制”。值得注意的是，Hermann Junger 的作品中的“笨拙”“粗糙”恰恰来自他对金属工艺精湛的掌控力。在绘画创作中表达出的流动与自由，往往会在金工制作繁复而漫长的工艺流程中消耗殆尽，因此捕获并保持作品中的生命力与流动感是极具挑战性的。Peter Bruning 及 Hermann Junger 的作品如图 2-22 至图 2-24 所示。Hermann Junger 于 1970—1990 年任慕尼黑美术学院的首饰教授，培养了众多著名的首饰艺术家，例如 Otto Künzli（生于 1948 年）。

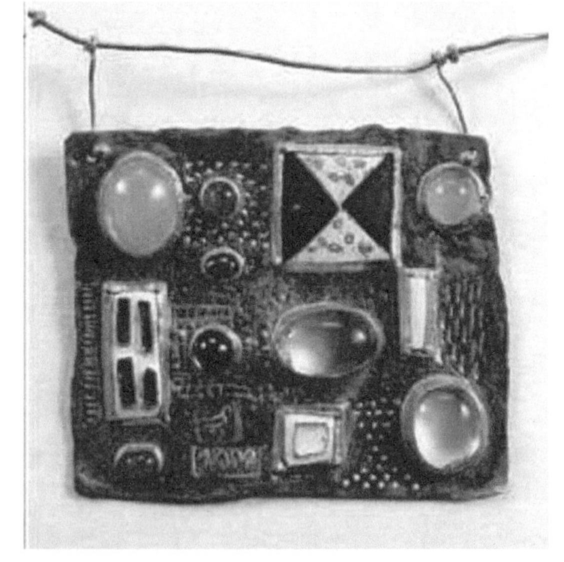

图 2-22

1957年，Hermann Junger制作的项链坠，月光石、玛瑙、珐琅像画布上的色点，黄金上刻意制作的凿痕像绘画中的短促线条。

左图为Peter Bruning于1962年创作的绘画作品，右图为Hermann Junger的胸针作品。

图 2-23

Hermann Junger于1967年创作的作品的草图与实物，该实物作品用金、银和珐琅制成。

图 2-24

20 世纪 50 年代至 20 世纪 60 年代活跃起来的一批首饰艺术家，虽然普遍接受过传统的金匠训练，仍使用贵金属与宝石，但不再局限于完美无瑕的抛光、精确规范的镶嵌，而是诚实地展现加工的痕迹与材料本身的质感；不炫耀材料固有的价值属性，而挖掘它们作为艺术创作媒介的可能。其中有德国艺术家 Reinhold Reiling（1922—1983）与 Klaus Ullrich（1927—1998），前者在作品中加入抽象但仍可辨认的有机形态，例如肖像、植物，使作品富有诗意与想象的叙事性；后者则专注于创造出独特的表面肌理，例如他用他发明的“焊接”技术，将平行的金箔附着于首饰表面以产生变幻的折光效果，如图 2-25 和图 2-26 所示。这两位艺术家所任教的普福尔斯海姆美术学院（Pforzheim Academy of Art），是除了慕尼黑美术学院之外，另一个传播现代首饰理念与培养首饰艺术设计人才的重要中心。同样在作品中努力保持“自发性”与“流动感”的英国首饰艺术家 Gerda Flockinger（生于 1927 年）在 20 世纪 50 年代通过创作和教学开始改变英国首饰的面貌。她在一次制作中由于失误导致作品融化，但由此得到的意想不到的效果让她分外惊喜，如图 2-27 所示。这次意外成了她创作的转折点，之后她通过不断的努力让这种工艺上的“失控”变为了可以控制的个人化语言。意大利首饰艺术家 Anton Frühauf（1914—1999）与 Arnaldo Pomodoro（生于 1926 年）和 Giò Pomodoro（1930—2002）兄弟用突破传统的金工技巧，做出堆积的形态、有机的肌理，他们是 20 世纪 50 年代中期开启意大利先锋首饰（Avant-guard Jewelry）的重要人物，其作品如图 2-28 和图 2-29 所示。

图2-25

1967年，Reinhold Reiling制作的胸针，右上角网格状的人物形象是他的特色表现语言之一。

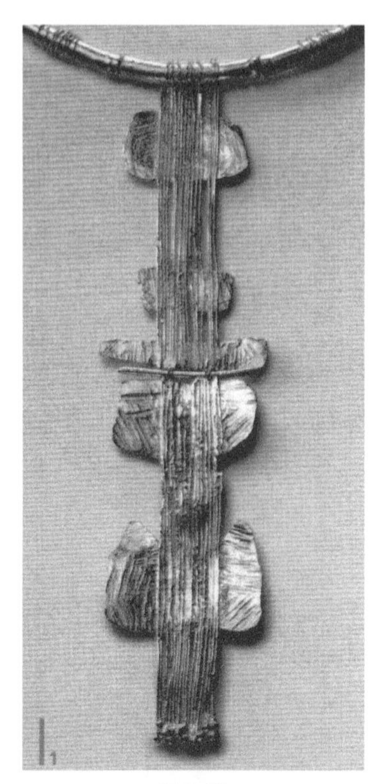

图2-26

1966年，Klaus Ullrich制作的项链，黄金表面的条纹状凸起是他对黄金的特殊处理。

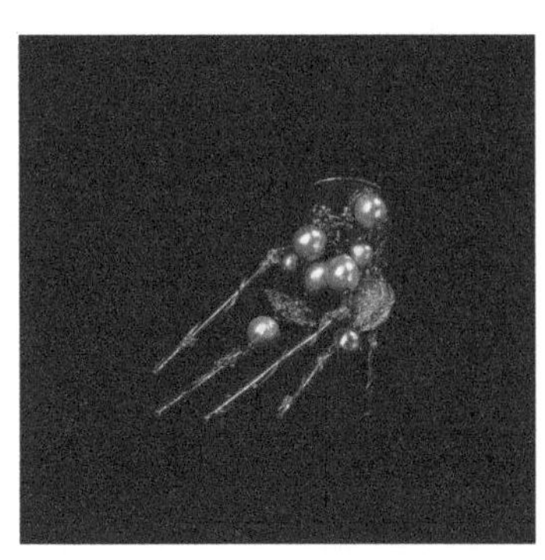

图2-27

1968年，Gerda Flockinger制作的戒指，这种有机的、具有融化感的黄金表面来源于1963年的一次失误。

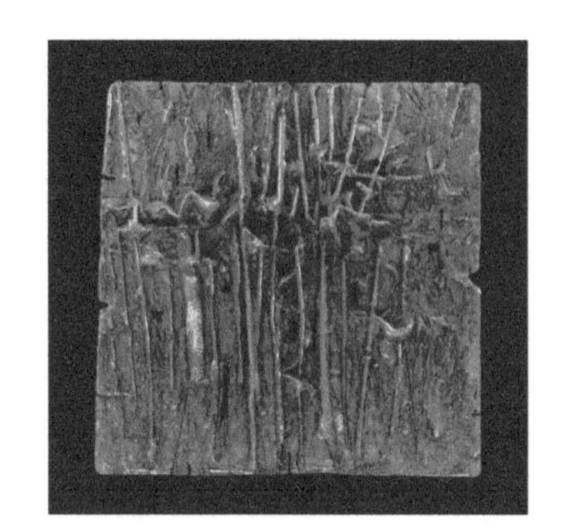

图2-28

Anton Frühauf的胸针作品。

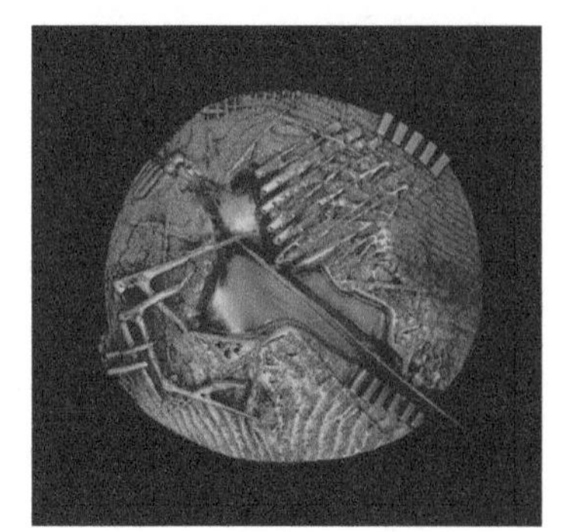

图2-29

Giò Pomodoro的胸针作品。

虽然有着不同的专业背景，例如德国首饰艺术家普遍是以金匠的身份探索个人化的表达，而意大利的很多首饰艺术家本身就是雕塑家，首饰是他们的表达媒介之一，但他们无一例外地强调创作的“自发性”（Spontaneous）——不满足于按部就班地完成图纸，而是像画家一样，对火焰中炙热、融化、流淌的金属给出刹那的、敏感的、自发的回应。这代表着作为工艺美术（Applied Art）的首饰向艺术逐渐转变和作为手工艺人（Craftsman）的首饰创作者向艺术家逐渐转变的过程，这些首饰创作者对现代首饰的发展起到了承上启下的作用。

◆ 极简、几何、功能与工业材料

首饰发展的另一条重要线索是以现代技术为手段，以功能主义为原则，创造出极简的（Minimal）、几何化（Geometric）的作品。首饰讨论的范畴也从材料、形态、功能，扩展到设计民主化、反精英文化等议题。如果说上一条线索是以艺术家式的灵感与激情打破了长久以来束缚在首饰上的“工艺美”与“物质性”，那么这一条线索，则用设计师的克制与理性，通过剥离外在装饰，直面首饰的本质。

其中有首饰界的发明家——德国人 Friedrich Becker（1922—1997），他原本是学习航空技术的，在“第二次世界大战”期间负伤退役后开始接受金匠训练。在 Friedrich Becker 于 20 世纪 50 年代至 20 世纪 60 年代创作的作品中，最精彩的部分是他将宝石以一种精妙的方式“悬置”在了金属上，完全实现了 Moholy · Nagy 对于使用珠宝时的忠告，即“将宝石抓在空中”。宝石被切割为简洁的几何体块，恰到好处地被施以张力的金属咬合住，如图 2-30 和图 2-31 所示。“没有弧线、没有边缘的装饰，每一个动作都是有功能性的。它们本身并非装饰，但被佩戴时便成了装饰。”从功能而来的形态带来了一种克制、理性而轻盈的美感。在 20 世纪 80 年代，他开始走向高技的道路，以他的工学基础为背景发明出的动力首饰（Kinetic Jewlery）独树一帜，如图 2-32 所示。Friedrich Becker 在创作中运用到的数控机床，也已成为现代工业化首饰的标准化技术产品。

图 2-30

1957年，Friedrich Becker制作的戒指，用18K黄金制成，戒指上镶嵌的球形石英石可替换。

图 2-31

1962—1963年，这一组戒指都运用了张力进行宝石镶嵌，后来发展为德国珠宝品牌尼辛（Niessing）的核心技术。

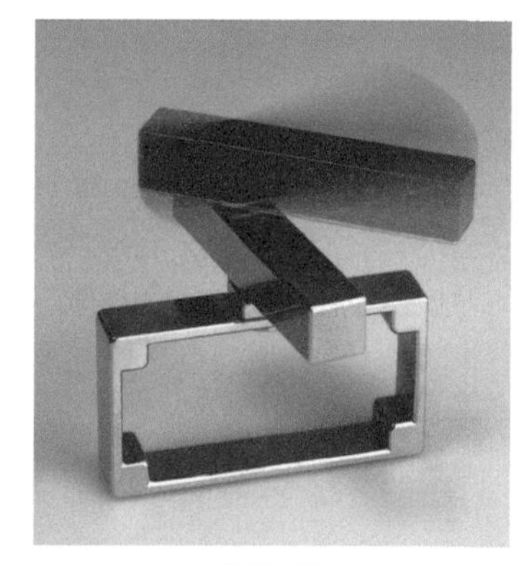

图 2-32

1987年，Friedrich Becker制作的动态双指戒指。在这里他进一步发展了动态戒指，用不锈钢和人造宝石使得动态戒指的价格更加平民化，并通过造型和体量让人们一眼就能看出它是人造的。

在 20 世纪 60 年代末、70 年代初，来自荷兰的作品具有显著的代表性——通常呈极简的几何造型，以铝、不锈钢等廉价工业金属为材料，拥有较大的体量，带着清教徒式的克制和坚韧。例如 Marion Herbst（1944—1995）用水管电镀制作的手镯，Nicolas van Beek（生于 1938 年）的环绕双耳的头部装饰，Franois vanden Bosch（1944—1977）的铝制手镯，如图 2-33 至图 2-35 所示。其中的领军人物是 Emmy van Leersum（1930—1984）和 Gijs Bakker 夫妇，他们最开始就读于荷兰应用美术教育学院（Institute for Applied Arts Education），即后来的特维德学院（Gerrit Rietveld Academy）。“瑞典的商场里摆满了诸如佩尔森设计的首饰，这吸引了我们搬去斯德哥尔摩。”于是，1963 年他们一起转学去了瑞典美术学院。在那里，简洁明快的斯堪的纳维亚设计给他们带来了重要的影响。

1965—1967 年，Emmy van Leersum 和 Gijs Bakker 展出了一系列颠覆性的作品——由铝片和不锈钢管制成的夸张的项饰和手镯，如图 2-36 和图 2-37 所示。从材料的物理属性来看，铝材质地轻盈，可以在扩大体量的同时保持可佩戴性。在加工方式受到限制的情况下，他们用铝材创造出的充满力量感的极简造型，恰恰能体现材料自身的特性。从材料反映的社会美学来看，它体现了批量生产、机械制造的工业时代的美学特点；而材料的廉价则颠覆了传统首饰根深蒂固的价值属性和阶级属性。综合这两点，这组作品对首饰进行了理性而彻底的革新。1970 年展出的实验性的《穿着建议》（*Clothing Suggestion*）系列，则将这种变革扩展到了全身。在包裹全身的白色弹力服内插入几何体块，撑起弹性布料，产生夸张的形变，人体变成了充满奇异感的雕塑。此外，服装的某些部位则被掏空，与被服装包裹的部分形成鲜明的对比，私密的身体成为公开的展品。这些作品进一步打破了首饰、服装、雕塑的边界，并探讨了身体的私密与共有、身体的对抗与保护等内容，如图 2-38 和图 2-39 所示。

图 2-33

1971年，Marion Herbst制作的手镯。

图 2-34

1968年，Nicolas van Beek制作的镀铬合金头部装饰。

图 2-35

1971年，Franois vanden Bosch制作的铝质手镯，该手镯由两个半圆组成，但两部分套在一起佩戴时不可拆开。

图2-36

1967年，Emmy van Leersum的《烟囱首饰》（*Stovepipe Jewelry*）。

图2-37

1967年，Gijs Bakker用合金制作而成的《大领子》（*Large Collar*）。

图2-38

1970年，《穿着建议》（*Clothing Suggestion*）系列。

图2-39

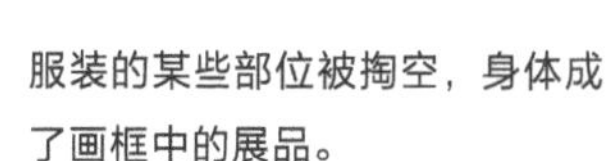

服装的某些部位被掏空，身体成了画框中的展品。

除了铝和不锈钢，PVC、亚克力、树脂等工业材料从20世纪70年代开始广泛地出现在艺术家们的作品中。例如，Reinhold Reiling的学生Claus Bury（生于1946年）会将色彩鲜艳的亚克力碎片与贵金属相结合（他于1973年到访美国，给美国首饰艺术家带来了重要的启发），如图2-40所示。David Watkins（生于1940年）于1974年制作的铰链圆环项圈则运用了亚克力染色、热弯和铣床技术，如图2-41所示。Eric Spiller（生于1946年）则喜欢用横向、竖向排列的亚克力片营造出彩虹渐变的格栅效果，如图2-42所示。来自里特维德学院的Joke Brakman（生于1946年）喜欢在简单的透明的磨砂树脂片中创造细腻的线条变化，如图2-43所示。相较于贵重的黄金和珠宝，这些人工合成材料更加易于获得和使用，降低了首饰创作的经济与技术门槛，同时提供了丰富的颜色和新颖的造型。

图2-40

1969年，Claus Bury用色彩鲜艳的亚克力制作而成的项链。

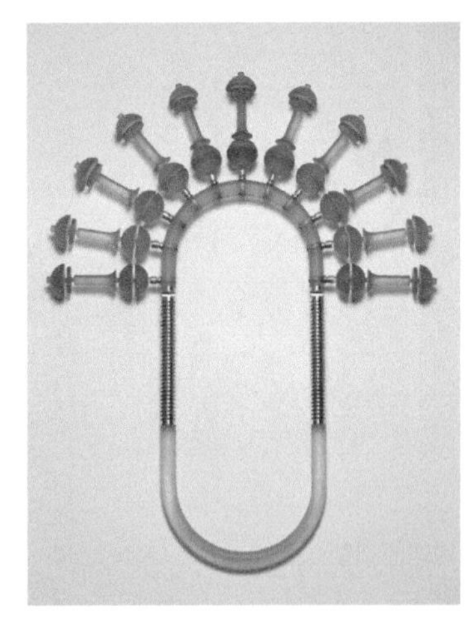

图 2-41

1974年，David Watkins的铰链圆环项圈（Hinged Loop）。

图 2-42

1975年，Eric Spiller制作的胸针，银质金属框内的为亚克力切片。

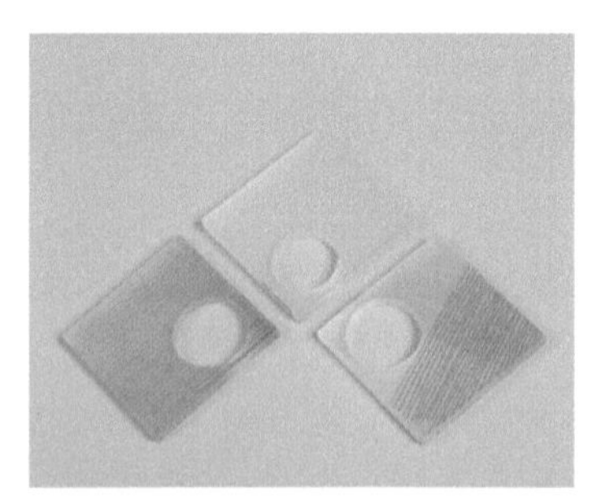

图 2-43

1980年，Joke Brakman制作的3枚亚克力戒指。

以极简、几何、冷静为视觉风格的第二条线索产生了更为广泛和持续性的影响。包括 Hermann Junger、Reinhold Reiling、Giò Pomodoro 在内的一系列以贵金属为材料的创作者，从 20 世纪 70 年代末开始，也转向了更为简化的、几何化的设计，如图 2-44 至图 2-46 所示。

图 2-44

Hermann Junger的胸针与项链套装，左图为他于1969年创作的作品，右图为他于1990年创作的作品，这已经和他早期强调绘画性的作品完全不同。

图 2-45

Reinhold Reiling的胸针和项链作品，左图所示作品的创作时间为1966—1967年，右图所示作品的创作时间为1977年。

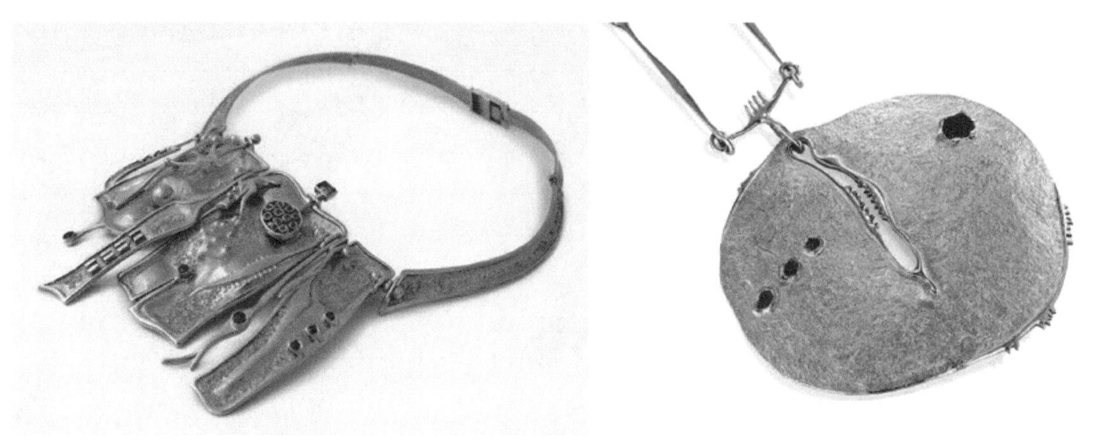

图2-46

Giò Pomodoro的作品，左图所示作品的创作时间为1964年，右图所示作品的创作时间为1995年，我们可以看出右图所示的作品具有明显的简化、概括的倾向。

总体来说，在1960—1970年，现代首饰设计正经历着它充满朝气和无限可能的春天，拥有越来越多的专业从业者，越来越多的高等院校设立了与首饰相关的专业，首饰走进了各种前卫的画廊，也有越来越多的独立首饰画廊兴起，吸引了外界充满好奇和期待的目光。研究者、创作者、教育者、学习者、画廊和观众，乃至政府文化机构，共同建立了一个良性的首饰生态环境。

20世纪70年代之后的发展与困境

1970—1990年，首饰的发展到了最激进、最具实验性的阶段。其中，有两个具有代表性的发展方向，一个是首饰成为大型装置，而身体成为舞台；另一个是首饰逐渐非实体化、非物质化。至此极简几何的、具象雕塑性的，物质的、非物质的，贵金属的、非贵金属的，与身体有关的、与身体无关的等艺术首饰的各种面貌都已悉数出现。

然而，当首饰不断打破边界、拓展定义与其他艺术媒介融合时，它也在逐渐消解自身，包括首饰实体的消失、材料性的消失和制作性的消失。如果一切皆可为首饰，首饰的概念是否还存在，其学科边界在什么地方？首饰创作者和画廊主们感受到的困境一直延续至今，甚至更甚。在当代艺术、传统珠宝和时尚首饰的三重压力之下，到底还有多少空间留给艺术首饰？这是每一个进入这一领域的创作者都需要面对和思考的问题。

◆ 激进的实验：身体作为舞台

Marjorie Schick（1941—2017）的作品由金属框和纸浆搭建出基本形态，再上色封层。她的作品一直被欧洲同行评价为“非常美国”，可以想象与主流欧洲作品的简约、冷静相比，她的作品的艳丽和夸张会多么令人不适。但不可否认的是她的作品代表了另外一种气质，膨胀的、饱满的、热烈的美国文化，同时她的作品也受到了土著原始艺术的影响。1966年，当她在准备毕业作品的时候，她看到了David Smith（1906—1965）的雕塑，她被这些雕塑作品中大胆的构成与空间所吸引，于是她冒出了一个想法：如果将胳膊或者头穿进这些雕塑，用一种全新的方式去体验雕塑和空间会怎样？“我的作品是关于形式的和尺度的。”她关心形式是为了创造美感，关心尺度则是为了强调作品与身体的关系，例如她不断研究轻质材料，以保证作品的重量仍然可被接受和佩戴。Marjorie Schick的作品核心始终是身体与装饰，如图2-47至图2-49所示。

图2-47

1986年，Marjorie Schick的代表作之一，用木头和涂料制成的身体雕塑作品。

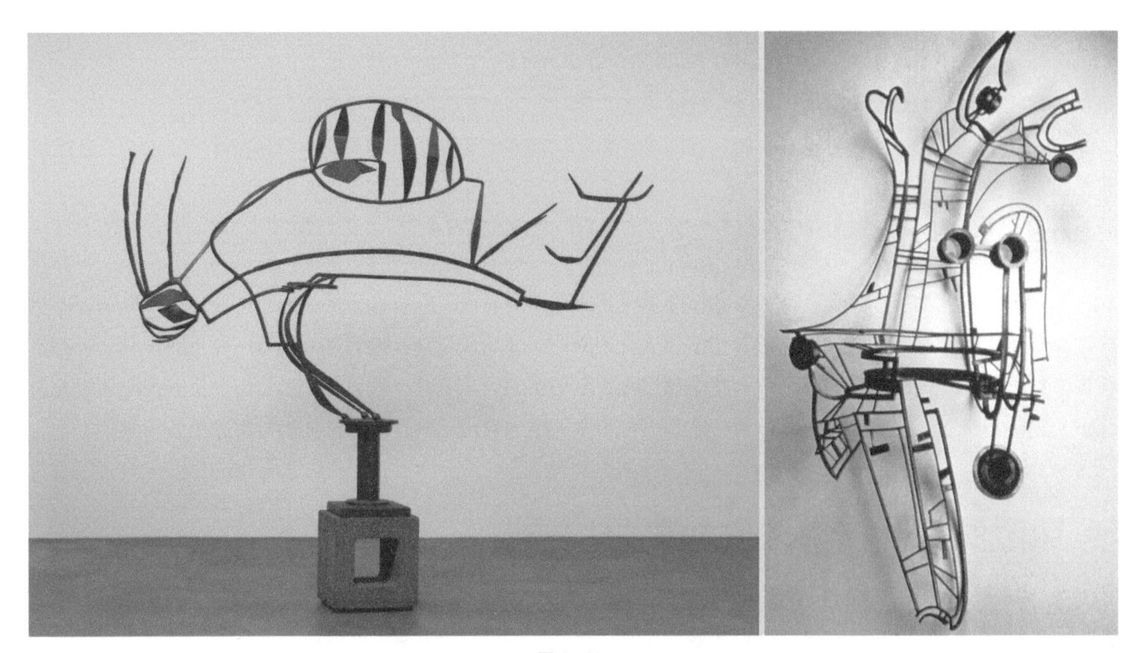

图2-48

左图为David Smith于1951年创作的雕塑作品，右图为Marjorie Schick于1969年创作的头部装饰。

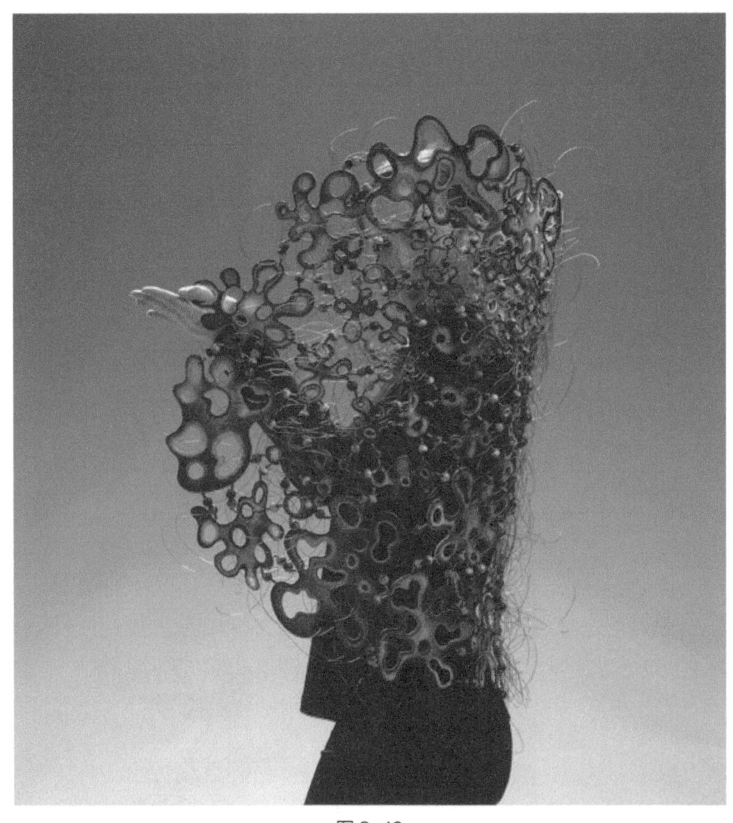

图2-49

2011年，Marjorie Schick的作品《梦的面纱》(*Veil of Dreams*) 的核心仍然是身体与装饰。

Lamde Wolf（生于1946年）是荷兰的一位纤维艺术家，但在20世纪80年代，她创作的首饰引起了轩然大波。丝线缠绕的纤细的木框、碎布头和纸绳，在人体之上松散地堆叠。虽然体量是夸张的，但和Marjorie Schick的作品相比，Lamde Wolf创作的首饰在形态上仍然是节制的，它通过重复的形态和大小、疏密的变化产生节奏，如图2-50所示。Lamde Wolf之后的创作又回归到了纯粹的纤维作品上，由此我们可知她一直感兴趣的是在极其有限的形式语言中创造轻松、有意味的画面，如图2-51所示。

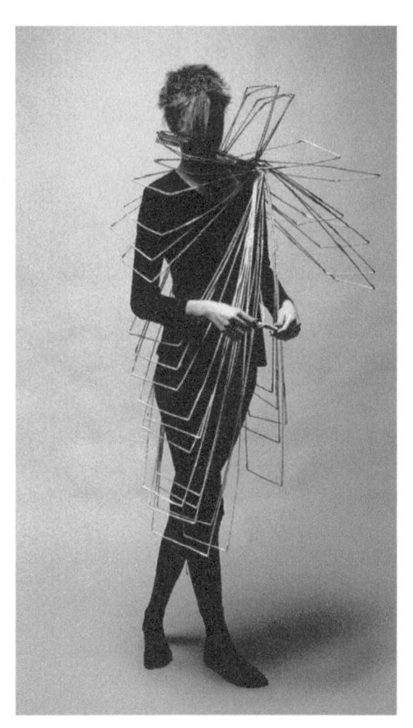

图2-50

1982年，Lamde Wolf的身体物件作品（Wearable Object），用彩色纤维制成。

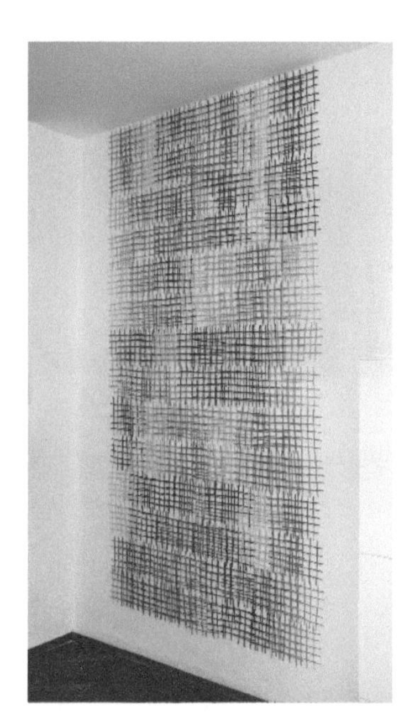

图2-51

Lamde Wolf于2006年创作的作品，用陶瓷制成的《金笼子和钢铁的心》(*Golden Cage and Heart of Steel*)，可以看到虽然变换了材料和媒介，但是松散的方格形式语言仍然被保留。

如果说我们还能分析一下前面两位的作品的形式和色彩，将它们想象为放大的项链或衣领，那么 Peirre Degen（1947—）的作品则是彻底的装置，或者说我们已经完全无法将它们与首饰联系在一起。Peirre Degen 的首饰生涯就和他的作品一样，完全是计划之外的，且没有规律可循。他想要成为模型制作师，却误打误撞学习了首饰；想要环球旅行，却误打误撞成了英国中央艺术与设计学院（Central School of Art and Design）的实验员；毫无现代首饰教育背景，却偶然看到了 Claus Bury 的作品，Claus Bury 将材料冲突性地并置在一起的处理方式对他产生很大的冲击，完全颠覆了他原本的创作思路。巨大的玻璃纤维圆环围绕着身体、黑色的橡胶球从梯子状的结构物上悬挑出去，胶带、绳子、报纸与涂鸦，这些现成品或再造物像拼贴一样组合在立体空间中。它们虽然没有那么容易被“佩戴”，但在其中非常重要。没有人的参与，这些组件之间是松散的，而当它们置于人体之上时，材料、物品和人体之间就形成了一种怪诞的、无厘头的却充满吸引力的关系。Peirre Degen 认为当人体进入装置之中，便形成了一个暂时的小的剧场——“人们去观察它，观察它是什么？如何运作？然后会拍一张照片或录一段视频，这就是我想要的东西。”每一张照片和视频，形成了一件新的作品，如图 2-52 和图 2-53 所示。

图 2-52

1983年，《梯子与气球》（*Ladder piece and balloon*）

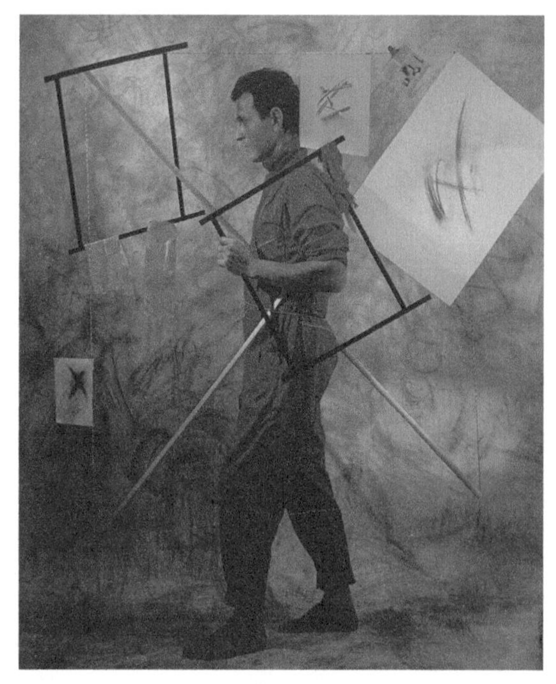

图 2-53

1982年，《个人环境》（*Personal Environment*），背景是被艺术家描绘过的画布，与装置成为一个整体。

另外一个英国人 Caroline Broadhead（1950—）的作品则模糊了首饰与服装、首饰与身体的边界。她在 1977 年的作品中使用的是彩色棉线，如图 2-54 所示。而当两年后材料变成尼龙纤维时，她的作品的效果发生了根本的变化。她在有机的人体和几何化的金属框之间，填充了柔软而富有弹性的尼龙丝，使手镯随着身体形变，成为身体与外部空间之间的过渡，发丝一般的尼龙则给佩戴者带来了非常亲密的触感，如图 2-55 所示。1982 年的《面纱》（*The Veil*）是 Caroline Broadhead 最经典的作品，如图 2-56 所示。将尼龙丝编织而成的筒状物套在面部，透过半透明的尼龙丝，人的面貌变得模糊，身体和首饰之间的关系也就变得暧昧了。正如她所说，面纱是关于观看的——“看作品，透过作品去看，以及从作品向外看。”在之后的创作中，Caroline Broadhead 的作品逐渐向服装过渡，这是由她对身体以及身体的变化的兴趣所驱使的必然方向。对于《二十二合一》（*22 in 1*），如图 2-57 所示，她这样描述：“我利用扩展和收缩的特质创造物品的两种状态，当它们被穿着或取下时会变大或变小，这也为我发现一个物品可以如何配合身体提供了机会。”Caroline Broadhead 之后的作品完全离开了首饰，但始终没有离开身体。

图 2-54

Caroline Broadhead于1977年创作的作品《棉线手镯》（*Cotton Bracelet*）

图 2-55

1979年，《簇绒手镯》（*Tufted bracelet*），该手镯用银和尼龙线制成。

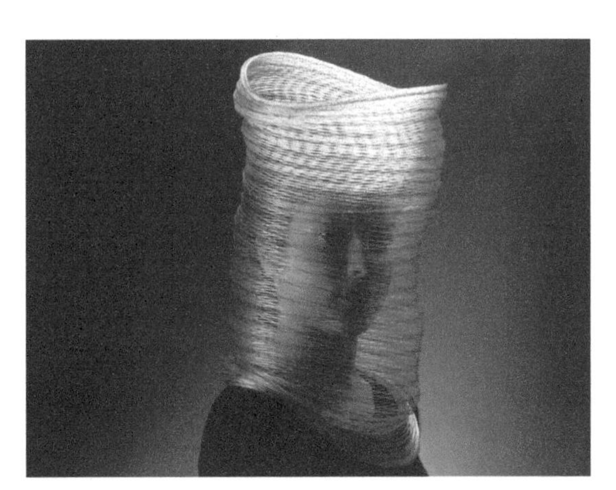

图 2-56

Caroline Broadhead于1982年创作的作品《面纱》，尼龙编织的面纱具有弹性，可以佩戴在颈部。

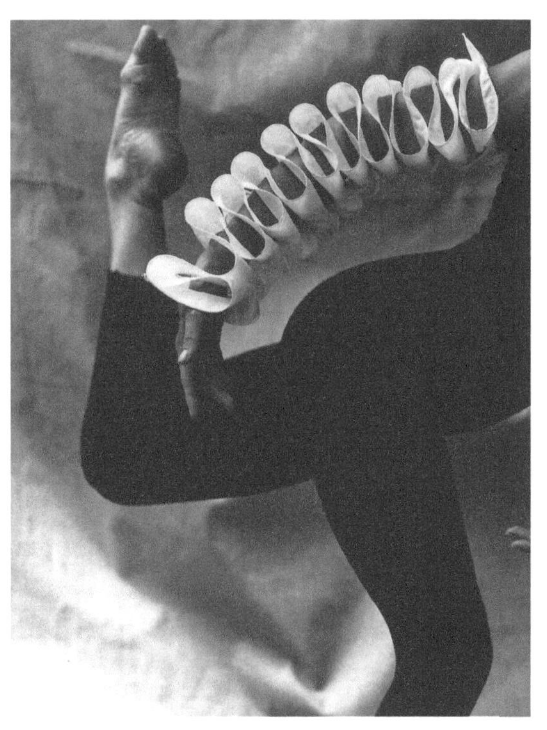

图 2-57

Caroline Broadhead于1984年制作的作品《二十二合一》，该作品由布料制作而成，预示着她的作品媒介开始向服装转变。

◆ 走向非物质：作为概念的首饰

如果说前文提到以荷兰艺术家的作品为代表的极简主义的作品，在削减首饰的一切装饰，从而直面首饰的本质；那么这一次的尝试则更加激进，当物质也被一并削减时，对首饰的本质的探讨还能被推向怎样的极致？这些实验性的作品深受 20 世纪 60 至 70 年代观念艺术和行为艺术的影响。正如 Sol LeWitt（在《观念艺术图像》中所说的“思想在这里成了产生艺术的机器”，首饰艺术家们放下了焊枪和锤子，甚至不使用已经离经叛道的现成品、铝合金或亚克力，而完全转向了非实体的观念输出。许多作品都是现场发生、即刻消亡的，只能通过影像去保留这个短暂的过程。

图 2-58

Susanna Heron于1969年创作的服饰作品。

Susanna Heron（生于 1949 年） 和前面提到的 Caroline Broadhead 是 20 世纪 80 年代英国当代首饰最主要的两位艺术家，她们的出现让英国从当代首饰艺术的输入者，变为影响欧洲大陆的输出者。在中央艺术与设计学院（中央圣马丁学院的前身）学习期间，Susanna Heron 受到 Oskar Schlemmer（1888—1943）在包豪斯时期拍摄的短片《板条舞蹈》（*Slat Dance*）的影响，开始关注以首饰作为身体的延伸。1969 年，她用绿色缎带和金属框架制作成螺旋形服饰，如图 2-58 所示。1978 年，这种螺旋形式又出现在了用硬质卡片和透明彩色亚克力片制作的作品中，它们或从头部垂到肩膀，或缠绕着颈项，如图 2-59 所示。这种围绕人体展开的螺旋形式成为后来的摄影作品的起点。《光的投影》（*Light's Projection*）由 Susanna Heron 和摄影师 David Ward 共同完成，如图 2-60 所示。他们将一束光（通过遮挡构成特定的形状）投影在 Susanna Heron 身上，Susanna Heron 对着镜子调整光与身体的关系，最后由 David Ward 拍下照片。他们每一个人都只能控制一部分，而无法控制最后的结果。这件作品用最纯粹的方式强调了材料（也就是这里的光）与身体之间的带有情绪性的互动与反馈，光影随着身体的姿态、线条，在其间起伏、流淌。Susanna Heron 和 Caroline Broadhead 一样很快便离开了首饰创作领域，她甚至完全脱离了“穿戴性”，20 世纪 80 年代之后她开始进行大型公共雕塑的创作，唯一不变是她对流淌的曲线形态的执迷。

图2-59

1978年的《螺旋形纸片》（*Spiral Cardboard*）。

图2-60

1979年的作品《光的投影》。

许多如今耳熟能详的首饰艺术家都在这个阶段进行过大胆的尝试，他们贡献了游戏一般的实验作品。例如 Gijs Bakker 的作品《影子》（*Shadow Piece*），该作品力图引发人们思考：首饰到底是那件纤细的金丝，还是留在身体上的压痕？首饰是否可以暂时存在？如图 2-61 所示。Robert Smit（生于 1941 年）的《每日装饰》（*Everyday Adornment*）是一组用照片呈现的作品，照片中的他背对着镜头，用各种手势摆弄着两盒香烟，如图 2-62 所示。Otto Künzli 的一组照片：一根被绷直的线在双手之间呈现出不同的角度。通过摄影的方式，艺术家进行着物与身体之间的形式实验，如图 2-63 所示。Peter Skubić（生于 1938 年）的尝试最为惊世骇俗，1975 年，他将微小的金属碎片通过外科手术的方式植入皮肤之下，只有在 X 射线的照射才得以显现，如图 2-64 所示，这恰恰符合了首饰所携带信息的特质——隐秘而深刻。1985 年，这些金属碎片取出后被封存于一个特殊的戒指中，Peter Skubić通过一系列名为《戒指之内》（*The Inside of a Ring*）的抽象黑白照片再一次强调了“不可见”的概念——只能被体验，只存在于想象之中。这样激进的表现方式与他后来的作品（通过一个个镜面不锈钢几何体来折射空间的美感）完全不同。

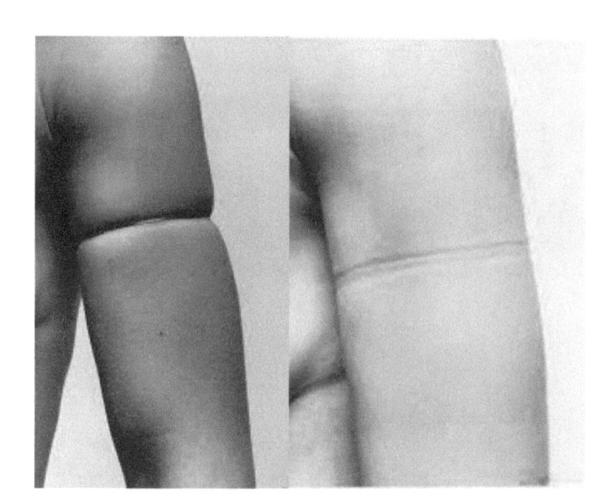

图2-61

1973年，Gijs Bakker的《影子》，右图为佩戴金属丝线后留下的痕迹。

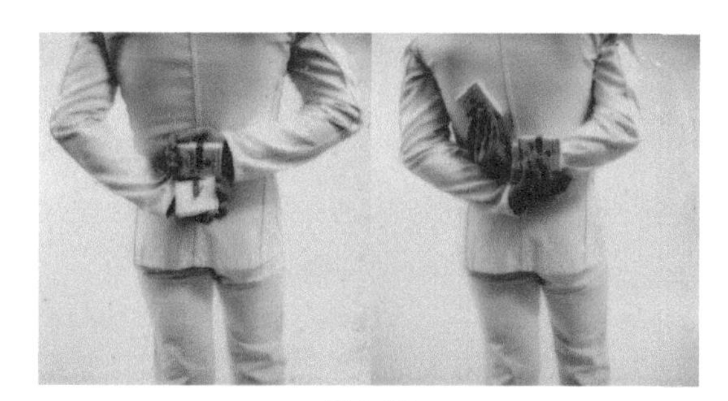

图2-62

1975年，Robert Smith的《日常装饰》。

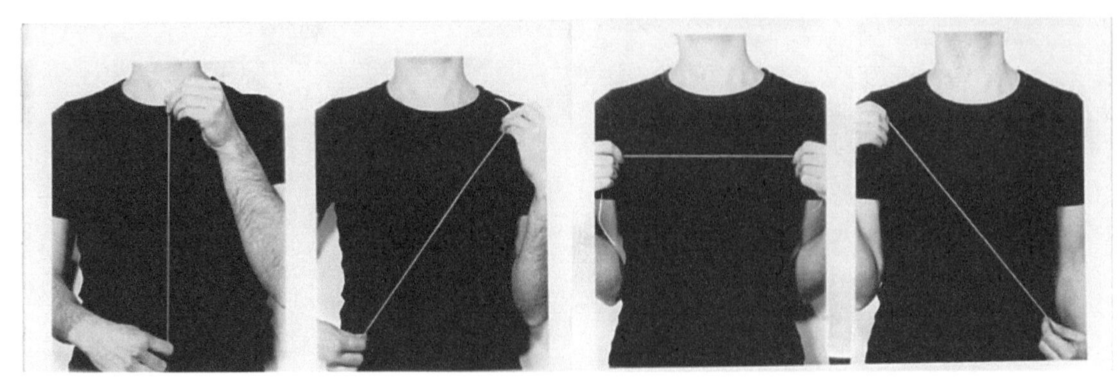

图 2-63

1976年，奥托·昆兹里的一组照片作品，艺术家手持一根被绷直的线。

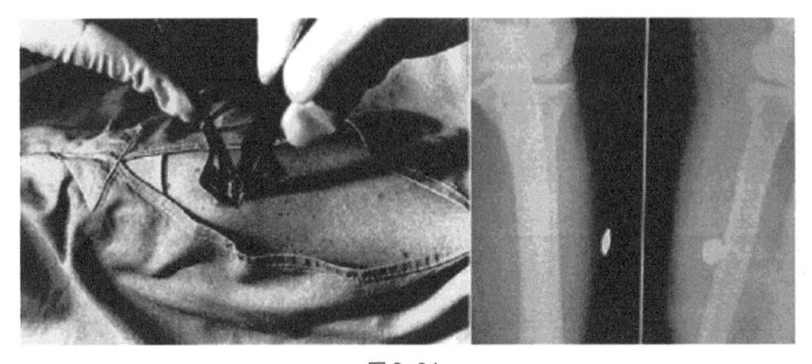

图 2-64

1975年，Peter Skubić将金属碎片植入身体之内，右图为X射线照射下的金属碎片。

无论是装置性的首饰还是非实体的首饰，在这个阶段中，它们像青春期的孩子一样挑战着一切传统，但同时也带来了一系列的问题。首先，这一阶段新材料的使用成了一种不成文的“政治正确”，黄金因站在了“民主”的对立面，而成为新生代首饰艺术家的禁忌。黄金爱好者 Robert Smith 在 20 世纪 70 年代干脆卖掉了自己所有的金匠工具，不再制作首饰（1985 年后，他又回归到了以黄金为材料的首饰创作中，并以黄金与绘画为主要研究方向）。但新材料带来新的可能性的同时，也不可避免地存在局限性。这些材料本身已经很“美”了，有不计其数的颜色、肌理、质感供制作者选择，艺术家们的工作变成了像 DIY（Do it Yourself），自己动手制作一样进行简单的切割、组合、拼接，最后导致了雷同的作品。这正是因为制作者缺少了在传统材料制作中对于材料自身的深入研究。其次，对于传统材料的反叛自然导致制作者对传统工艺的不屑一顾，甚至认为“工艺”是过时的，工艺会损害艺术性的表达。事实上会伤害艺术性的表达的工艺，往往是过度的工艺，例如过度抛光、累赘的镶嵌等。它们恰恰是不好的工艺的代表。对于“工艺”普遍的歧视，导致了许多作品缺少制作精美带来的愉悦感。最后，在艺术家不断地打破首饰的固有概念和既定边界的同时，首饰被消解成了一个纯文字的概念，即凡是人们认为是首饰的东西皆可谓首饰。这也是为什么有许多首饰艺术家很快地投入到了绘画、装置、雕塑等纯艺术的怀抱，当那些媒介更加纯粹和强大的时候，为什么还要局限于首饰呢？外界的质疑和内部的困惑早已充斥在花团锦簇的表象之下，被 Paul Derrez（生于 1950 年）于 1987 年发表的文章《新首饰：一场运动的终结？》一语道破，并摆到了众人面前。持有同样观点的艺术理论家 Peter Dormer（1949—1996）这样写道：“在 20 多年之前首饰还是非常保守传统的装饰品，但是一群年轻的充满野心的艺术家有意识地打破了一切常规，这对我们所有人来说都是有趣、兴奋的机会。就像所有革命的第一阶段一样，充满戏剧性，一切都是新的。”但是这种“容易的部分已经过去，接下来的都是困难的部分了”。我们仍然处在这种后坐力中，包括 20 世纪 90 年代对工艺和制作性的回归。

美国艺术首饰简述

如果大家对美国现代首饰稍有了解，一定会想到小型雕塑类（Figurine）作品，它和我们之前介绍的西欧现代首饰相比更加具象和繁复，似乎是“视装饰为罪恶”的欧洲首饰的反面。这正是美国现代首饰中非常具有代表性的一类作品。受到消费主义和波普艺术的影响，具象形态、符号、现成品、微缩景观等构成拜物教的崇拜物——在 Richard Mawdsley（生于 1945 年）的《宴会》（*Feast*）中，对琳琅满目的“物质”的表达被体现到了令人瞠目结舌的地步，如图 2-65 所示。西欧首饰很大程度上走向了消解物质的“务虚”，相比之下美国首饰非常“务实”。

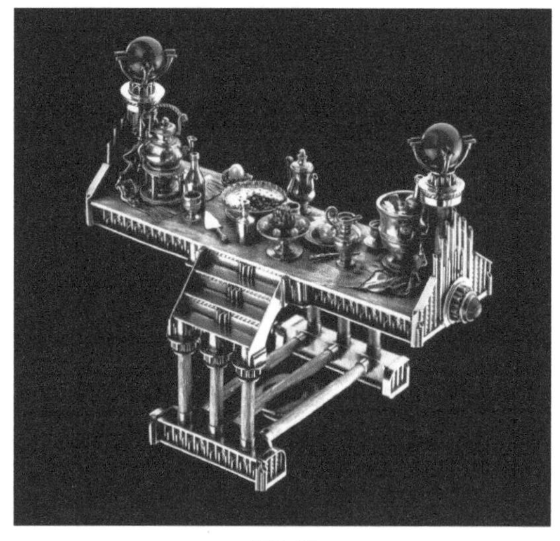

图 2-65

1974年，Richard Mawdsley的《宴会》。这个夸张的宴会桌其实是一件可以佩戴的手镯，宴会桌上装饰有各种珍珠和宝石。

下面我们将介绍 3 位小型雕塑类美国艺术家。第一位是 Sam Kramer（1913—1964），他的作品无疑是最早的美国工作室首饰的完美代表。工作室在这里不仅仅指代作品的加工方式是艺术家在工作室中独立完成的，更代表了一种强烈的风格化——从店面到作品，从艺术家的穿着打扮到生活习惯，构成了充满个人魅力的整体。20 世纪 40 年代，在纽约格林威治村（Greenwich Village）的街头，你得握着一只从门上伸出的手（一个门把手），才能打开 Sam Kramer 的门，也许你还会看到穿着睡衣的艺术家戴着他那科学怪人式的眼镜。但这些和他的作品比起来就不足为奇了。在那个年代，人们对首饰的喜好还是清一色的花朵、小鸟、蝴蝶，而 Sam Kramer 的这些结合了化石、牙齿、玻璃眼珠的银制首饰就像臆想中的小怪物，冲进了人们的视野，怪诞而疯狂。Sam Kramer 的作品如图 2-66 所示。

图 2-66

1958年，Sam Kramer的银质作品《大鸟吊坠》（*Roc Pendant*），该吊坠上镶嵌有珊瑚、象牙、角、石榴石和标本用眼珠等。

第二位艺术家 J.Fred Woell（1934—2015）是最早完全使用现成品的首饰艺术家。1964 年，当 J.Fred Woell 向纽约的画廊展示斯堪的纳维亚风格的银制首饰时，他被告知“要么做金的，要么不做”。这种以材料决定作品价值的现状与 J.Fred Woell 的艺术信念完全相悖。于是，他决定要做彻彻底底的“反首饰”（Anti-Jewelry）——用一文不值的垃圾做最反叛的宣言。同时，1961 年美国当代美术馆的装配艺术大展（The Art of Assemblage）在视觉语言上对他产生了重要影响，他开始收集并使用各种各样的现成品。J.Fred Woell 的第一件现成品首饰是用一块方木头、撕下来的邮票、破碎的镜子以及插入木块的订书针做成的，并且通过上漆和烘烤获得一种“粗陋”的质感。这件作品被命名为《恋物癖》（*Fetish*），正是对“画廊主”所期待的金灿灿的黄金首饰的彻底反叛，如图 2-67 所示。J.Fred Woell 常常用作品回应所处的环境，他说：“我将作品作为投射周围环境的舞台，希望人们在看到我的作品时会心一笑，但之后能严肃思考。”他最著名的作品《活过来！你们是百事一代》（*Come alive！ you are in the Pepsi Generation*）是一个徽章，如图 2-68 所示。印有百事可乐（Pepsi）标志的易拉罐碎片和子弹壳组成了徽章的坠饰，上面是一个大大的笑脸——20 世纪 60 年代典型的美国青少年形象，阳光、简单、快乐。“活过来！你们是百事一代”是 1964 年百事可乐推出的广告语，该广告语获得了巨大的成功。百事可乐的形象与海上冲浪、郊游骑行等前卫的活动与生活方式联系在一起，被包装成 20 世纪 60 年代年轻人的身份象征。而子弹则暗示了美好生活表象之下，被主动忽略的那一部分。J.Fred Woell 对人们习以为常的现象保持着一种清醒，并深信首饰带来的反思的力量，因此，他主张以大众消费品为材料来攻击它们所影射的消费主义文化。

图 2-67

1964年，J.Fred Woell的第一件完全用现成品制成的作品《恋物癖》。

图 2-68

1965年，《活过来！你们是百事一代》（*Come alive! you are in the Pepsi Generation*）。

第三位艺术家是 Bruce Metcalf（生于 1949 年）。与 SamKramer 的“小怪物”和 J.Fred Woell 的徽章相比，他的作品更加轻松可爱。刀子叉子的形象都被卡通化处理，并营造出一种动势，仿佛一切正在进行之中。Bruce Metcalf 在 20 世纪 90 年代的作品则是用一系列胸针组成的“舞台剧”。每一个作品都是一个情节，上演着一个四肢纤细的大脑袋精灵的忧伤和快乐。这些微缩景观（Miniature landscape）如此小巧，以至于人们不得不很认真地仔细观看，于是人们便坠入了 Bruce Metcalf 创造的世界里。近年来，他的作品更加抽象，用符号化的卡通形态和奶油般的色彩，制作出诱人的项链。和 J.Fred Woell 一样，Bruce Metcalf 极力在作品中避免使用黄金，因为“无论如何黄金会让人们联想到财富和价格。那是人们第一眼看到的东西，甚至多数情况是他们唯一能看到的，然后人们会问‘它要花多少钱？’”，所以他主要使用树脂和木头（金色部分为喷漆的树脂或贴有金箔的木头），这样作品既轻便又能呈现出丰富的色彩。同时，他非常强调首饰的佩戴性，因为在他看来首饰只有被佩戴才能发挥它的社交功能——“它们真的会吸引别人关注……你不得不参与到社交中来，所以首饰事实上有力量改变佩戴者对待自己的态度。”Bruce Metcalf 的作品如图 2-69 至图 2-71 所示。

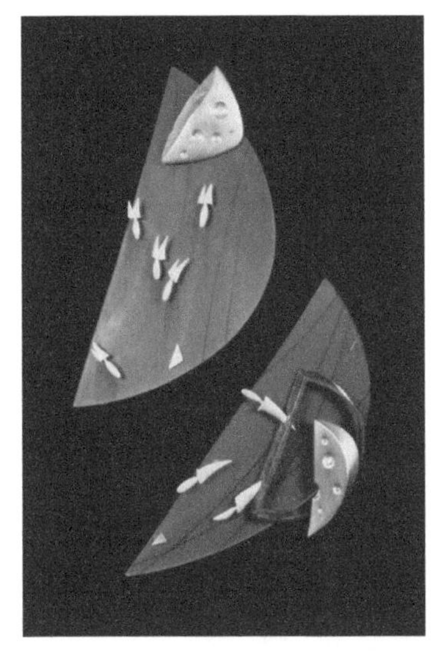

图 2-69

1981年，Bruce Metcalf创作的作品《未受保护的月亮》（*Unprotected Moon*）。

图 2-70

1994年，《从金笼子里被解放》(*Deliverance from a Gilded Cage*)。

图 2-71

2013年，《哈格曼的花朵》（*Hagemann's Blossoms*），该作品使用的材料为枫木、黄铜、银、树脂和涂料。

这 3 位艺术家的作品代表了“具象形象”在首饰中的 3 种主要功能，即营造象征意象、创造单体形象以及进行情节叙事。当然使用具象形象绝不是北美首饰的特权，例如意大利艺术家 Bruno Martinazzi（1923—2018）就善于通过截取人体的局部画面来表现一种雕塑般的体量感、宏大感，如图 2-72 所示。而英国艺术家 Jack Cunningham 则乐于将现成品制作成具有个人特色的叙事性首饰，如图 2-73 所示。

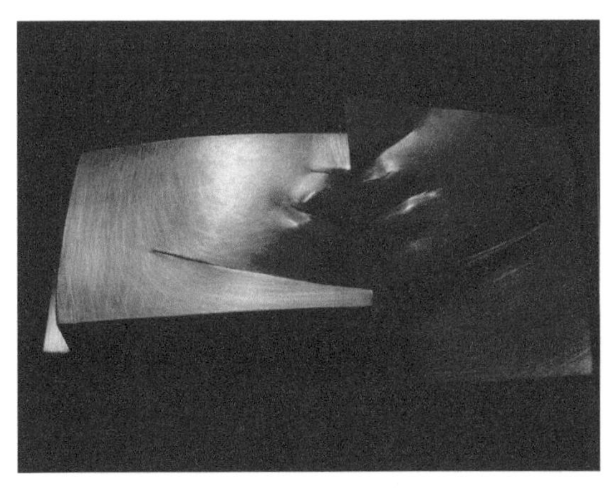

图 2-72

1984年，Bruno Martinazzi的《折叠的爱》（*Folded Love*）。

图 2-73

2006年，Jack Cunningham的《碎片》（*Fragment*）系列。

除了我们刚刚介绍的这类作品外，美国现代首饰还有许多其他的风格。其中不得不提的是以 Alexander Calder（1898—1976）为代表的具有“新原始主义”（Neo-Primitivism）风格的作品。Alexander Calder 在动态雕塑上的成就无须赘述，但他在首饰创作上的影响同样重要。他的作品主要以铜丝、银丝为原材料，偶尔用到少量黄金，并通过捶打、盘线、弯折等较为简单的加工方式制作而成。螺旋的丝线、不经修饰的表面、夸张的体量让人联想到土著部落装饰。著名的美国女画家 Georgia O'Keeffe 和收藏家 Peggy Guggenheim 都是 Alexander Calder 首饰的忠实爱好者，在那个年代这就是最前卫的时尚首饰。他的首饰的制作方式因为容易上手，且只需要使用锤子和金属线，所以当时有许多人效仿他，如 Art Smith（1917—1982)、Harry Bertoia（1915—1978) 等。Alexander Calder 及其效仿者的作品如图 2-74 至图 2-77 所示。

图 2-74

左图为Alexander Calder于1940年创作的胸针作品，由黄铜与不锈钢针制成。右图为路易莎·吉尼斯画廊（Louisa Guinness Gallery）举办考尔德首饰展览时的照片。

图 2-75

左图为佩戴Alexander Calder胸针的Georgia O'Keeffe，右图为佩戴Alexander Calder耳饰的Peggy Guggenheim。

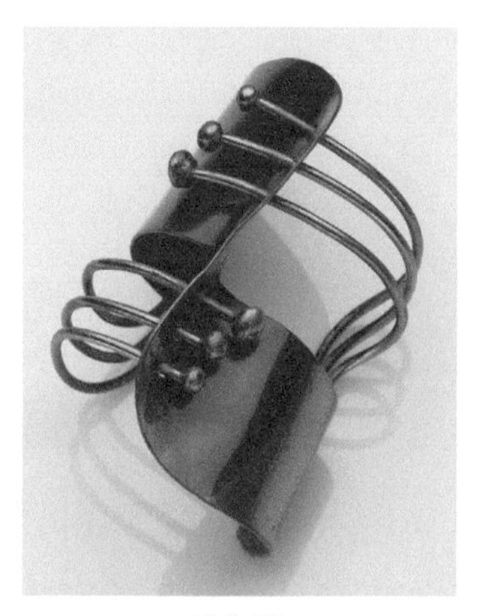

图 2-76

1948年，Art Smith制作的手镯，该手镯由黄铜与紫铜制成。

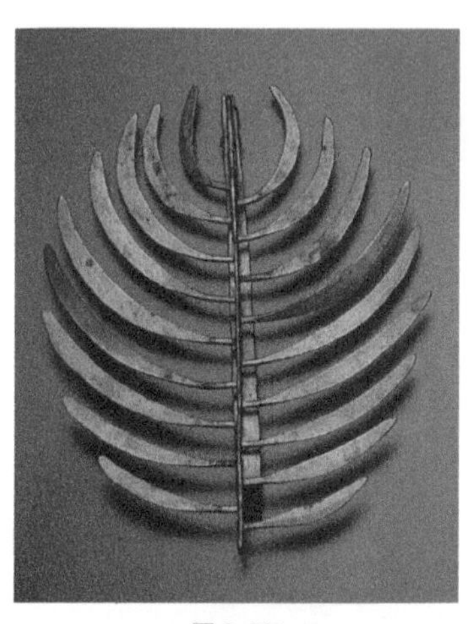

图 2-77

1942年，Harry Bertoia制作的胸针。

半抽象的自然形态是另一类非常具有美国特色的风格，它们延续了新艺术运动时期对于自然和曲线的崇尚，一方面结合新型工艺与材料（例如电铸和树脂），制作出宛如来自美国科幻电影中的人工与自然的混合生物，例如 Stanley Lechtzin（生于 1936 年）和 Albert Paley（生于 1944 年）的作品。另一方面它们致力于发展传统工艺（例如造粒和珐琅）的新的可能性，让这些通常会显得呆板匠气的工艺更加放松自由，例如 John Paul Miller（1918—2013）的作品。西欧主流的抽象化、几何化的风格在大西洋的彼岸也有一定的影响，例如莫霍利·纳吉的学生 Margaret De Patta（1903—1964）在 20 世纪 40 年代创作的一系列作品，半透明的宝石在被切割后嵌入金属框架，形成镂空、似透非透的效果，营造出具有构成感的画面。Ed Wiener（1918—1991）则更多地受到立体主义的影响，用形体间的穿插和拼接表现动态的舞者。身体雕塑（body sculpture）、可穿着的雕塑（Wearable Sculpture）和身体艺术（Body Art）是另一类作品，如今我们可以将带有雕塑感的首饰作品统称为身体雕塑，但在 20 世纪 80 年代身体雕塑特指穿戴于身体之上的、较为大型的、具有装饰性的首饰作品。其中的代表有玛丽乔·席克和 Arline Fisch（1931—）的作品。从这些作品中不难看出，美国现代首饰的发展并没有一条清晰的主线，也没有主导性的风格。1969 年，美国华盛顿举办了史无前例的全国性当代手工艺大展——“美国：物品”（*American: Object*），其中包括 J.Fred Woell、Art Smith、Stanley Lechtzin、Arline Fisch 等众多首饰艺术家的作品。策展人 Glenn Adamson 在回顾这些首饰作品时说道：“即使跨越了 50 年，我仍然会被它们之间强烈的差异与创作者们的奇思妙想所打动……（展览中的作品）没有办法融合成一条统一的、明确的信息——除非这条信息本身表达的是对多样性的赞颂。”西欧的现代首饰发展以两次世界大战为分水岭，在经历了衰落、复兴后，于 20 世纪 60 年代后迎来了颠覆性的改变，这一改变以几所学院为主导，自上而下地展开，因此具有较为清晰的发展脉络和鲜明的视觉面貌。而美国本土几乎没有经历战争的重创，现代首饰得以从历史传统中延续、发展，正是这种“非革命性”的温和带来了另一种自由——任何风格、品味都能得到发展空间。传统金匠教育在美国并不发达，这反倒让美国的首饰艺术家们对各种非传统的制作方式和材料保持包容的态度。这一时期的美国首饰作品如图 2-78 至图 2-83 所示。

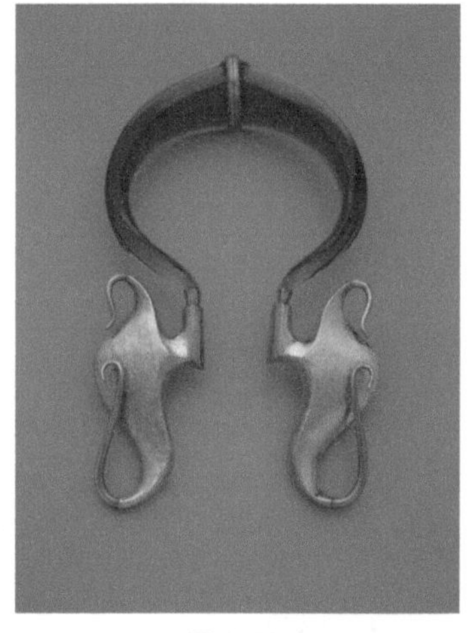

图 2-78

1973年，Stanley Lechtzin的作品《项圈》（*Torque Neckpiece*），项圈的金色部分为将轻质材料电铸为银，然后再局部镀金得到，因此该项圈体量虽大但十分轻便。

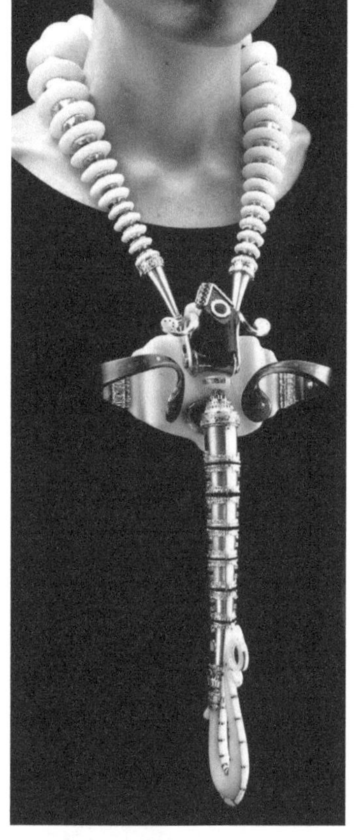

图 2-79

1973年，Albert Paley的作品。

图2-80

1969年，John Paul Miller的作品《装甲珊瑚虫》（*Armored Polyp*），他常常用造粒技术表现水母、昆虫等生物的绒毛感。

图2-81

1941年，Margaret De Patta的胸针作品。

图2-82

左图为Ed Wiener于1948年创作的胸针作品，灵感来源为Barbara Morgan拍摄的Martha Graham的舞姿的照片。

图2-83

Arline Fisch于1971年创作的身体装饰作品。

“太阳底下无新事”

在接触现代首饰的过程中，我们或多或少会对一些重要的名字和作品产生印象，而通过这一节的简要溯源，我们将能把这些零散的名字和作品融入到几条主要的线索中。在梳理的过程中，有许多巧合都得到了解释，如作品有相似之处的两人原来是师徒关系，手法类似的一系列作品都出自同门之手等，这些是作品中的共性，如图 2-84 所示。如果你对某条线索感兴趣，你可以以这些名字为线索展开研究。你会发现还存在着许多和这些熟悉的名字拥有共性的匿名者，他们拥有相似的社会、经济、文化背景。创意工作者往往害怕共性，但共性是无法避免的，而且，正是这些大量存在的共性作品将其中一两件作品推向了金字塔顶，使其幸运地成为时代经典。但这些都不能阻挡艺术家们探索的脚步，哪怕从共性中做出一点小小的突破，就能形成具有独创性的个人特点。因此，我们在借鉴一个艺术家的作品时，不能只盯着作品的输出结果，做视觉上的模仿，而应该放宽眼界去观察他所处的环境、他的教育背景、他的同辈，以及更广泛的来自艺术文化领域的影响。从这些方面去分析他如何对共性做出回应，又如何建立特性。其次，当我们回看这段历史，会发现这几条线索几乎可以涵盖如今所有的首饰艺术类型，有做具象形态的，做身体装饰的，做现成品拼贴的，做材料的，做观念的，做传统金工创新的，等等。如果你把它们看作不同的类型，那么确实会有某种类型已经过时，某种类型已经被做透了的感觉。但也完全可以把这几条线索看作艺术家们在以不同的工作方式探索着首饰作为一种艺术媒介的不同可能性。例如现代工业材料和极简造型这条线索，主要在处理形式与功能，材料与形态之间的关系；身体装饰这条线索，主要在研究物与身体、佩戴方式、首饰体量等问题；传统金工创新则在讨论工艺与艺术、工匠与艺术家这些原本有矛盾的概念。这些工作方法或者说创作策略，正是本书接下来要展开介绍的内容。正因为它们是首饰作为载体所能包容的不同创作角度和议题，所以并没有优劣与否、过时与否的区分。因此，我们常常会看到同一个首饰艺术家在不同阶段会创作出完全不同类型的作品，这正是由于他在每个阶段着重讨论和研究的角度不同，如图 2-85 和图 2-86 所示。所以不要急于给自己下定论，设限制，尤其是在学习阶段，完全可以有意识地进行不同工作方式的尝试，训练自己不同方面的能力，更不要为了追求“主流”“趋势”或者所谓的“新颖”而否定某些类型，因为“太阳底下无新事”，事实上所有的类型基本都出现过了。最重要的是诚实，诚实地面对自己的喜好、能力和特长，为真诚地想要表达的内容找到最适合的表达方式。回顾历史，不是去看有什么还没有人做过，而是看人们都做过什么。不要不屑于前人的肩膀，也不要不甘于成为别人的肩膀。就像学设计的人不可以不知道包豪斯一样，我们应该知道自己脚下的路来自何方。那些在历史中，每一个孜孜不倦地在工作台前享受着这方天地的首饰人，成就了我们现在如此多元、包容、缤纷的首饰世界。

图 2-84

这3件作品从左至右分别出自Francesco Pavan（生于1937年）、Stefano Marchetti（生于1970年)和Giampaolo Babetto（生于1947年）之手，前两件为胸针作品，最后一件为戒指作品。他们都是意大利帕多瓦学派（Padua School）的首饰大师，善于运用各种贵金属以纯粹的几何形式营造空间感。

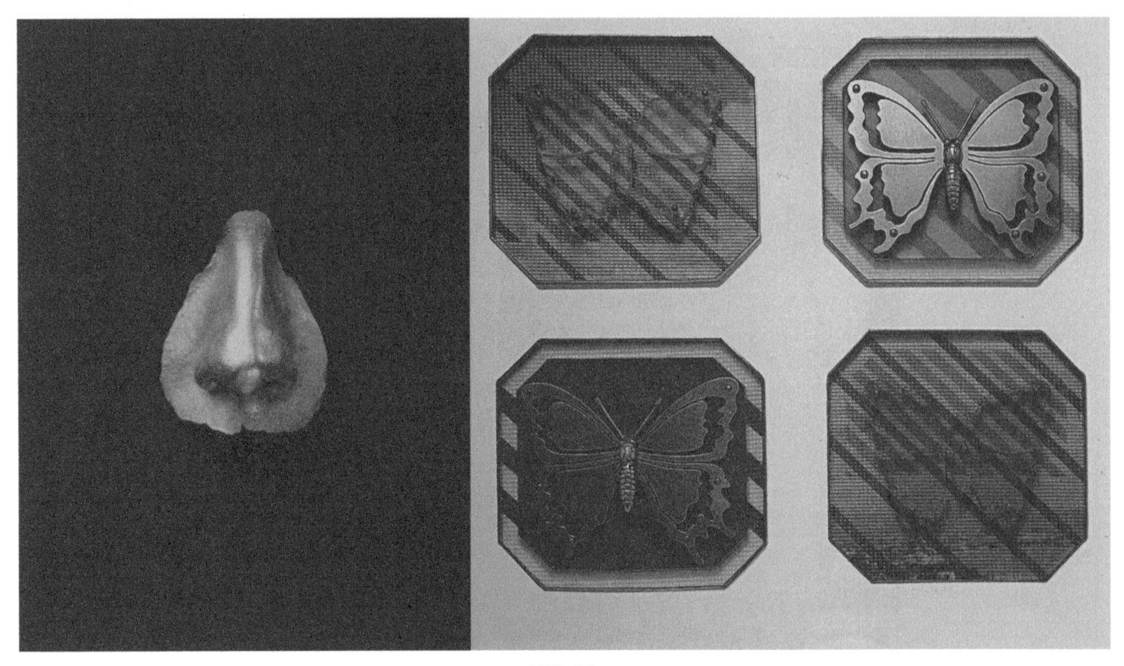

图 2-85

Gerd Rothmann（生于1941年）的作品以身体铸件著称，但是20世纪70年代他也进行过关于亚克力材质的尝试，左图为他于1988年创作的作品《金鼻子》（*Golden Nose*），右图为他于1970年创作的4枚胸针。

图 2-86

这4幅图所示的作品是Fritz Maierhofer（生于1941年）在不同时期的代表作，其创作时间分别为1974年、1977年、1998年和2013年，这些作品使用的主要材料为亚克力、贵金属、铝和纸。从这些作品中，可以看到他在不同材料、 制作手法和创作思路上的尝试。

第3章

师在功夫——以形态为主导的创作策略

CHAPTER 03

什么是以形态为主导的创作策略

如果一件首饰使用常规的材料与结构，不进行叙事或引导人们反思，那么着重要处理的便是它的形态。如果一件首饰需要进行叙事或引导人们反思，形态仍然是传达信息的重要媒介。所以对形态的处理无疑是任何首饰创作都绕不开的内容。

这里所说的形态既包括例如花朵、蝴蝶这样的具象形态，也包括抽象形态，以及无论是具象形态还是抽象形态都具有普遍性的形式规律，例如对称、平衡、重复、渐变等。对于立体的首饰来说，形态还包括它的体量和它所占据的空间。

在现代艺术的语境中，仅仅将视觉美感作为创作的目的常常被视为肤浅的行为，将形态作为创作的重心似乎变成了令人不屑一顾的事情。但是创造视觉美感绝非易事，这需要创作者在掌握视觉形式规律的基础上灵活地处理具象形态与抽象形态，同时具备空间造型能力。这些能力是所有视觉艺术工作者的基本功，需要在首饰创作之外培养与练习。例如通过素描建立对形态的观察和再现能力，通过平面构成掌握形式规律，通过雕塑提升空间思维与立体造型能力。因此，获得创造视觉美的能力绝不在一朝一夕。并且，不同于绘画中形态的无限自由，首饰形态受到工艺与材料的限制，因此，创作者必须对此拥有丰富经验，才能够在首饰形态创作受到限制的情况下将形态塑造得富有美感。

造型美绝非处理形态的唯一目的，更重要的是通过形态将首饰所要传达的概念合理化（Rationalize）。例如 De Beers 于 20 世纪 60 年代推出的永恒戒指（Eternity Ring），使得“30 分的钻石也值得购买”这样违背当时消费习惯的观念被藏进了精心设计的造型之下，如图 3-1 所示。它的形态完美地消化掉了 30 分的碎钻，相比订婚戒指的隆重奢华，它表现的是已婚多年的夫妇之间的内敛、细腻的情感状态，被赋予了“历久弥新的爱”的含义。因此，商业价值的实现被合理化为一种心理需求。

右图为De Beers关于永恒戒指的广告。20世纪60年代，苏联发现了一座新的钻石矿坑，其中钻石的数量庞大但是尺寸普遍较小。于是戴比尔斯推出了镶嵌了一整圈30分钻石的永恒戒指，它的形态完美地消化掉了本不符合当时人们的消费习惯的碎钻。到了1976年，人们消费的钻石的平均尺寸从1938年的1克拉缩小到0.28克拉，该尺寸与苏联发现的钻石矿坑中钻石的平均尺寸惊人地吻合。

图 3-1

商业首饰设计中的形态设计

在商业首饰设计中，形态设计是最主要的创作策略。因此，接下来将以商业首饰为例，简析其中的形态设计，并结合案例对商业首饰中的形态设计给出几点建议。

◆ 高效的生产与传播

形态设计的生产与传播应具有高效性，这对于商业首饰来说至关重要。商业首饰往往将所要表达的内容提炼为具有明确含义的视觉形态。例如时尚首饰品牌尤目的《小岛旅馆》系列，设计师从《布达佩斯大饭店》中提取了旅店钥匙、钥匙盘和门牌作为主要的视觉元素，如图 3-2 所示。和叙事首饰有意地营造误读不同（参考第 6 章的案例分析《低俗小说》），商业首饰的形态需要明确直接，易于理解。但这并不意味着形态的提取是不具备创造性的简单工作。例如在尤目的经典系列《甜食》中，标志性的糖果形态与褶皱感的糖纸包装形成了体量较小、材质单一的基础款式，如图 3-3 所示。而中等价位的产品线对“糖果”元素的形态进行了巧妙的转化，如图 3-4 所示。设计师提取了有锯齿边缘的包装切角作为视觉元素，“糖果”则是从中掉出的宝石。一方面，小切角仍然具备形态上的明确指向性，让消费者可以迅速联想到糖果；另一方面，通过置换不同颜色和形状的宝石，设计师可以创造丰富的单品，从而形成具有价格梯度的产品系列。因此，对于需要不断推陈出新的商业品牌来说，从形态上下功夫是最为高效的办法。而从传播角度来看，形态可以被快速记忆并被广泛传播。消费者往往只在短暂的时间内从视觉形态上判断自己是否喜欢某产品，之后才会进一步地去了解它的材质、结构和功能。最终，如果幸运，设计师隐藏在产品背后的、精心安排的故事才有可能被传达给消费者。消费者可能很难记住关于小岛旅馆的离奇故事，但是能快速记住耳畔佩戴着“钥匙”的时髦女孩。

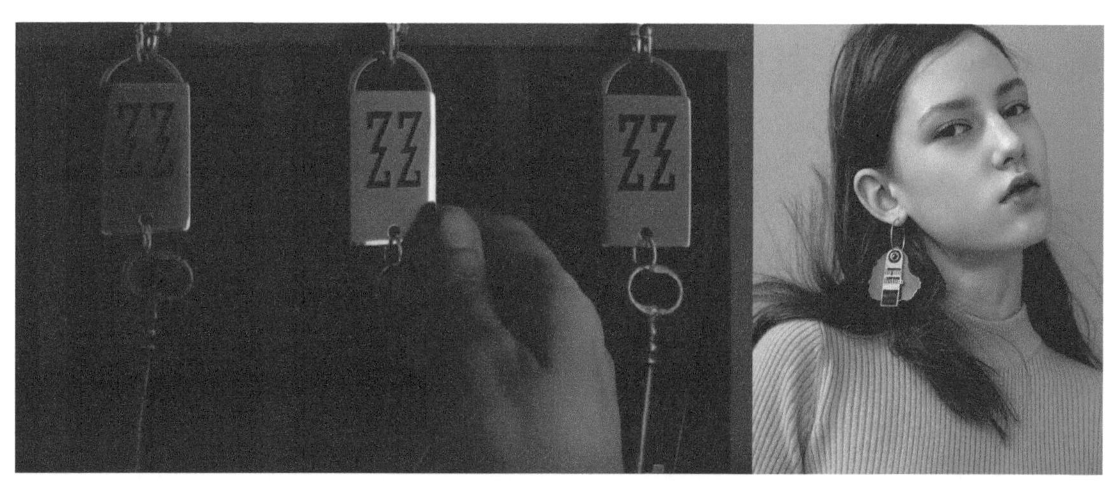

图 3-2

左图为《布达佩斯大饭店》的电影画面，右图为《小岛旅馆》系列的耳饰。

《甜食》系列的基础款，以糖果和糖纸为主要的视觉元素。

图 3-3

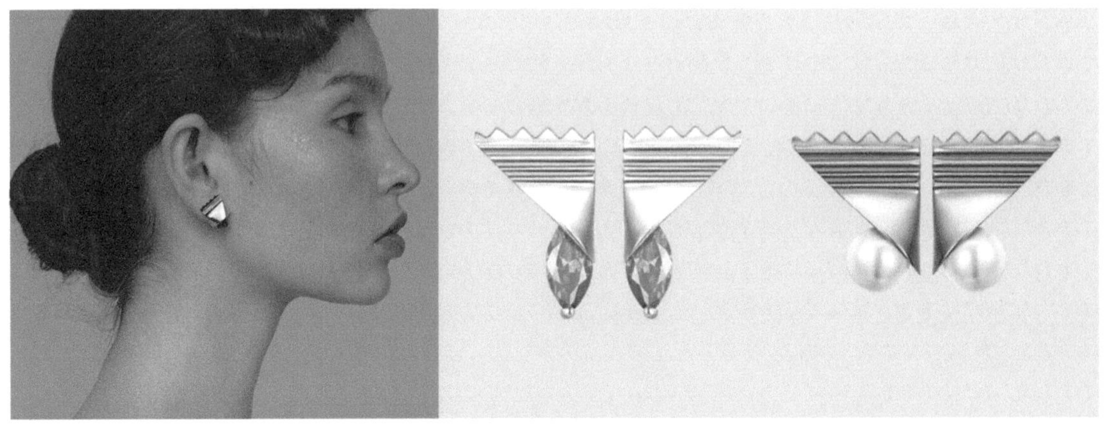

图 3-4

《甜食》系列的中等价位款式，“糖果”仿佛要从包装切角中掉出来，该产品灵活地兼容了各种颜色、形态的宝石，丰富了产品线。

◆ 从具体的形态设计到建立形态设计的规则

每个品牌的产品研发方式不尽相同，但是一个相对完整、专业的流程是从宏观到微观、从抽象到具体的过程，它包括品牌设计、系统设计、系列设计与产品设计 4 个阶段。品牌设计包括品牌定位、形象和核心价值的树立。系统设计是品牌内部的构架搭建，包括确定每条产品线的价格定位、视觉风格，以及各产品线之间的主次、派生关系和它们在整个产品框架中所占的比例。系列设计也可以叫作概念设计，就是为某条产品线构建这一季的主题内容，包括寻找灵感、构思主题故事，以及确定更为具体的视觉风格、材料建议、单品类型与配比。最后才是在系列设计的指导下进行具体的产品设计，也就是我们通常理解的设计一枚戒指或者一条项链，如图 3-5 所示。在传统的设计流程中，品牌设计和系统设计由品牌的管理层决定，系列设计在市场与设计部门的相互协调下，根据市场趋势、消费者需求以及品牌自身的发展计划共同制定。最后才是首饰设计师在系列设计的任务书的指导下完成具体的单品设计。随着消费者对于独特设计的需求日益增长以及设计师群体日益壮大，他们的工作从单纯的外观设计不断前移，越来越多地参与到系列设计、系统设计中，获得越来越多的话语权。而对于独立设计师品牌来说，设计师本身也是品牌的运营者、管理者，因而需要具备品牌设计的能力。

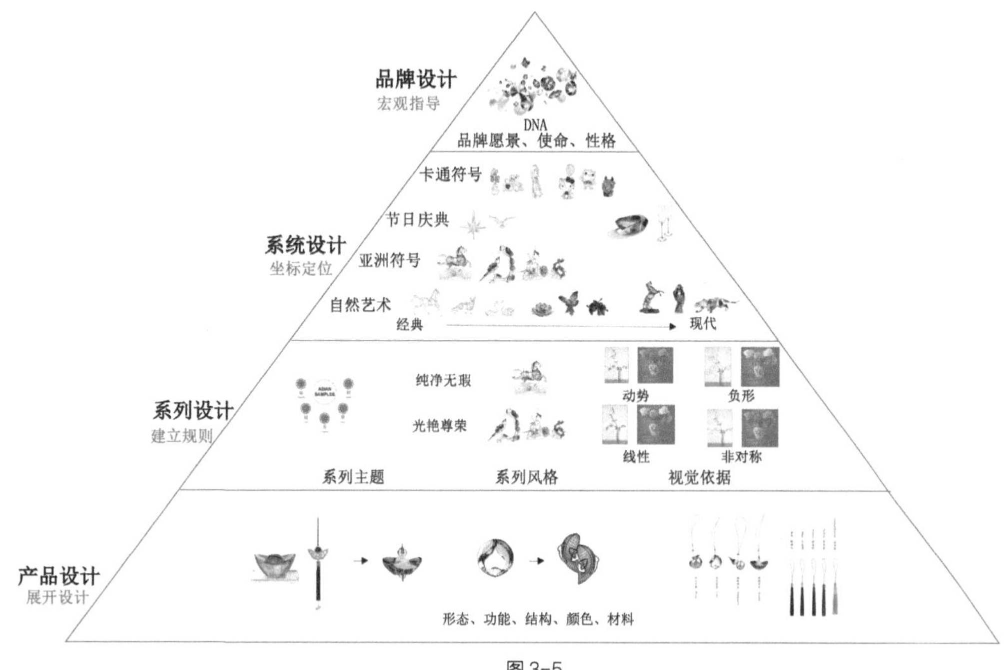

图 3-5

以施华洛世奇于2017年推出的亚洲符号系列产品为例，其设计过程为先接受品牌设计的宏观指导，再在系统设计中确定自己的定位，并在系列设计阶段建立视觉规则，最后才是具体的产品设计。

参与系列设计与系统设计，意味着在展开具体的形态设计之前，要先建立形态设计的规则。如此，设计师便从被动的任务书的执行者变成了主动的任务书的制定者，从而对形态设计产生宏观上的积极影响。例如在施华洛世奇的亚洲符号（Asian Symbol）系列产品中，设计师接受的任务书是以“苹果”“元宝”等具体的元素为主，进行车挂设计。设计师在进行形态设计之前，首先进行的是对这一系列的视觉风格的规则构建。设计师以东西方插花艺术为分析对象，提取了“非对称”（Asymmetry）、“线性”（Linearity）、“负形”（Negative Form）和“动势”（ Instability）这 4 个关键词，作为下一步设计的依据。除此之外，设计师还提出了不使用金属部件，而用主体元素自身的形态实现拴住流苏和挂绳的功能的原则，如图 3-6 和图 3-7 所示。设计师从专业角度出发，为任务书加入了具体、深入和有操作性的规则，在此基础上再进行形态设计时，可以获得事半功倍的效果。不仅如此，与从具体的元素展开形态设计相比，先建立规则可以帮助设计师获取更大的设计空间。

图 3-6

设计师绘制的分析图，用来说明视觉依据的构建。右图的画面中虽然有典型的中国元素，如青花瓷和牡丹，但从视觉形式上来说左图更加符合东方审美。这是因为非对称的枝条分割了画面，形成大面积留白，创造了动势。而右图的画面为向心的对称团块状，过于呆板、稳定。

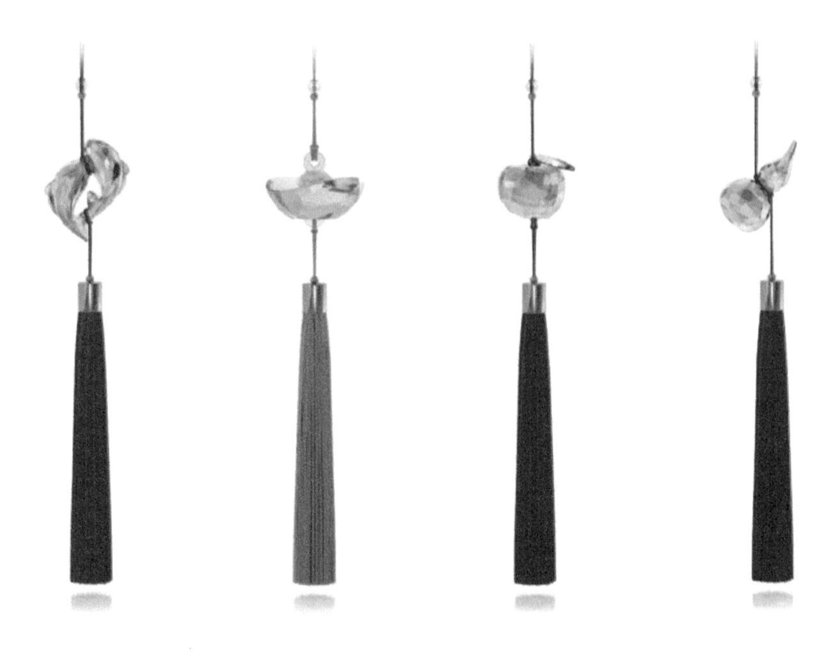

图3-7

图为施华洛世奇于2017年推出的亚洲符号车挂系列。从中可以看出，每一件都符合非对称、具有一定动势的规则。同时车挂拴住流苏和挂绳的功能由主体物本身的形态实现，例如双鱼通过相连的鱼头和鱼尾实现该功能，而元宝通过铜钱的方孔实现该功能。

◆ 具体的形态设计

正如前文所说，形态设计的能力需要在首饰创作之外培养，因此，接下来的关于具体形态设计的建议更倾向于展开形态设计的步骤和方法，而不是审美水平和造型能力的训练。要提高审美水平和造型能力并非没有方法，以众所周知的绘画、雕塑等方式进行练习，同时不断开阔视野、提高眼界即可。这是一个循序渐进、潜移默化的过程。

◆ 元素的提取

商业首饰的任务书一般有两种。

一种任务书的主题较为抽象，例如情人节、母爱。元素提取的过程是先放再收，设计师利用头脑风暴等方法进行发散性的素材收集后，再从以下方面进行筛选：元素含义是否明确，是否容易产生歧义；形态特征是否具有可识别性，将形态缩小或简化为外轮廓线之后再进行验证时是否仍可识别；从设计师的审美经验上对元素进行评估，是否具有产品开发的潜力；通过市场调研规避类似产品，拉开与原有产品的差异。例如，在某个以故宫与春节为主题的商业首饰项目中，任务书提供的元素之一为荷包，如图 3-8 所示。但设计师在对此元素展开调研的过程中发现，荷包在如今人们的普遍印象中与定情信物有关，和春节联系得并不密切。除此之外，荷包的形态缩小之后很容易与贝壳、果实的形态混淆，识别性较弱。以此为依据，设计师向甲方提出了修改任务书的建议，并被采纳。

另一种任务书已经提供了明确的视觉元素，例如十二生肖、梅兰竹菊，设计师仍然可以从整体、局部、引申这 3 个方向拓展设计的空间。例如，同样是以马为主题，在 3 个不同的设计场景中，提取的元素也不尽相同——生肖马作为大众化的商品首饰、为一对喜欢马的夫妻设计对戒、为一名马术运动员定制首饰。根据这 3 个不同的场景，设计师可以选择完整的马的形态，也可以提取马的局部，例如头部、马蹄，或者引申出与之相关的马具、马术比赛奖章等作为设计元素进行创作。

故宫中展出的荷包文物，是皇帝在春节时使用的祈福物件，但如今其已经失去了原有的使用功能和意义。

图3-8

◆ 建立视觉依据

对同一元素的造型处理有多种方式，那么如何展开设计，朝着怎样的方向发展，最后以什么标准作为判断依据，除了设计师的个人审美之外，还需要设计师在设计过程中建立视觉依据。视觉依据并不是具体的形态处理，而是造型规律。如果将已有作品的具体形态作为视觉依据，很容易沦为抄袭，但总结并提炼其中的造型规律为己所用，则是对前人已有的经验进行创新的演绎。当设计师在创作中遵循特定的造型规律时，其作品就可能产生明确的视觉风格。古代艺术是获得视觉依据的取之不尽用之不竭的宝藏，但在以某种古代艺术为视觉依据时，一定要具体。例如，将汉代艺术风格作为视觉依据就过于宽泛，汉代玉雕、画像砖、泥塑等虽然都生动稚拙，但由于载体不同，造型的处理手法不一而足。笼统地对汉代艺术风格进行造型规律的提取，容易流于表面、混乱杂糅。当具体化为以汉代循石造像艺术为视觉依据时，设计师则能从中提炼出以形写意、顺势而作的视觉风格，以及圆雕与浮雕、刻线相结合的造型手法，如图 3-9 所示。此外，造型规律的提炼一定要以原始的作品为基础，而不能使用已经被演绎与归纳后的内容，例如图案集、设计衍生品，如图 3-10 所示。这是因为每位设计师的经验、喜好、侧重点不同，从具体作品中提炼出的造型规律也都不尽相同，这正是借鉴过程中创造性的体现。因此这一步的工作不可以由他人代劳，否则就难以将他人的经验内化为自我创作的方法。除了向前人和其他艺术家借鉴造型规律，建立自己的视觉语言是每一位设计师的终极目标，也就是我们常说的“一看就能知道是他做的”。但在学习过程中，设计师不能为了追求识别度，过早地固定自己的风格语言。设计师应真诚地跟随创作的动机，使形态服务于内容的表达，否则就会本末倒置，让风格成为一种空洞的形式。

图 3-9

汉代霍去病墓石雕群中的《马踏匈奴》是典型的循石造像雕塑作品，它整体上浑厚、概括，而细节处生动、细腻。

图 3-10

左图所示为装饰主义运动图案集，右图所示为具有装饰主义风格的铁艺设计作品。在寻找视觉依据时，我们需要尽可能以原始作品为蓝本，而不能使用已经被归纳整理过的图案集。

◆ 形态的合理化

在日常生活中，许多并非以形态美为目的的人造物本身就具有美感，例如医疗器械和其他精密仪器，这可以说是高度的功能需求促使其形成了丰富的形态细节。这里并不是说细节越多越好，而是当形态的产生有了合理的原因时，往往能在视觉上获得美感。通常情况下，首饰的实用功能较弱，因此，很少能为形态的合理化提供依据。但是首饰的结构、材料、工艺都可以促成形态的合理化。例如，直接用胶水将两种材质黏合在一起，必然造成形态上的简单粗糙，但如果利用巧妙的结构将其进行连接，那么结构便自然而然地成为形态上的修饰。对于商业首饰来说，成本与利润、批量生产的流程、废品率的控制等诸多限制反而成了形态设计需要合理化的内容。

以形态为主导的艺术首饰作品案例

为了更生动具体地展现不同的创作策略的工作方法，我们针对每个创作策略分享几件作品与其背后的创作过程。在此做如下说明。首先，案例中的大部分作品为艺术家的独立创作作品或毕业创作作品，因为这种状态下的作品最纯粹、最真诚。这些作品不是迎合市场、满足成本要求、满足各方利益的折中结果，而是概念、情感、设计策略、表现手法等与创作本质直接相关的要素的综合产物。它们能完整而详尽地展现创作的各个阶段、各种思路。其次，每一个作品绝不仅仅只用到一种创作策略，任何作品都需要调动创作者的各种能力，而我们只是从某个角度去观察，有侧重地进行分析。最后，必须承认，复原创作者的真实的思考过程几乎是不可能的，例如为什么选择这种颜色？为什么会出现这样的形态？即使要用蓝色，为什么用群青而不用普兰？确定了弧线造型后，为什么要这样弯曲或呈这样的走向？很多情况下，创作者的感受、审美，制作过程中的偶然、意外，甚至当时的天气与光线都渗透在作品里，它们说不清，道不明。正是这种无法言表的感觉，使得作品独特而生动。但学习者很难从这种含混的感受中获益，最让人摸不着头脑的作品评价就是“有味道”，而我们则是要把这“味道”说出个一二三来。通过与艺术家们深入交流，同时进行主观的总结与归纳，笔者试图去拆解创作者的心路历程与实践过程，让这些作品不再是一段段措辞精美的设计说明，不再是一张张的震撼视觉的拍摄大片。常听学生说不知道怎样开始进行独立创作，那大家不妨先跟着这些案例，在艺术首饰创作的过程中走一遭，这一路既有逻辑推导也有灵光乍现，既有顺其自然也有停滞不前，有得偿所愿也有无功而返。

通过读图学习，我们固然可以开阔视野，培养审美，积累形式与材料处理的经验。但只有了解作品背后的创作思路，我们才能不限于从视觉到视觉、从经验到经验的输出状态，从而形成可以自我生长的创作体系。

◆《时刻样本》——在感性与理性中生成

艺术家自述：“《时刻样本》系列作品，是我以雕刻的方式为主完成的首饰作品。我选择以天然生长的、由时间滋养的材料——牛角、羊角、木等为基础，运用手工消减——以‘时间为工具’的工作方法，将在无形中流逝的时间记录于有形的身体劳作和可佩戴的首饰中，使得作品最终成为反映真实的‘时刻样本’”，如图 3-11 所示。

图 3-11

《时刻样本》之《拾时》胸针，该作品由黑牛角、黄羊角与银制成。

李怡的《时刻样本》看似是对自然形态的模仿，但我们仔细观察后会发现，她所塑造的作品并不拘于某种特定的植物，精美而不匠气、细腻而不琐碎，充满了她个性化的处理。她的每一次手起刀落的雕刻是感受驱使还是有明确动机，或许连她自己都难以厘清。在与李怡交流的过程中，她最常提到的词是平衡，即轻与重、繁与简、抽象与具象的平衡。这些形态呈现的背后，其实都是创作过程中直觉感性与逻辑理性的相互拉扯与抗衡。李怡在感性与理性中的摇摆不定，使作品最终落于这两者之间的某一点上，这恰恰使作品充满了具有个人特色的表现力。

《时刻样本》的创作初衷非常简单——重拾手工劳动的乐趣。因此，李怡一开始便以熟悉的雕蜡为塑形方式，未与材料和工艺进行过多的磨合。作品的形态在双手间自然生发，充满感性的审美趣味，如图 3-12 和图 3-13 所示。

图 3-12

《时刻样本》之《暗夜》的制作过程中的雕蜡阶段。

图 3-13

《暗夜》项链局部，该项链用黑牛角、银和钢丝制成。这条项链是李怡的《时刻样本》系列的第一件作品，可以作为整个系列的序曲。

理性的主动参与出现在《拾陆时》这个胸针作品中，如图 3-14 所示。和之前的创作不同，李怡在创作时首先设定了明确的主题——需要以樱花形态为主体。那时正值武汉疫情最严峻的时期，她希望以此作为自己的见证。

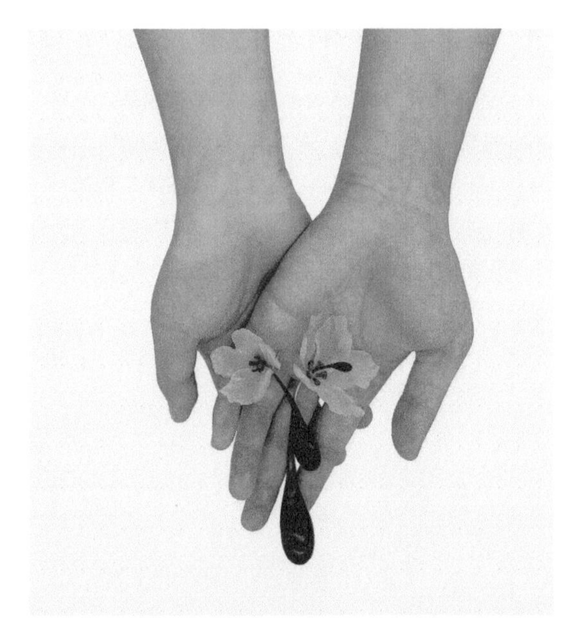

图 3-14

《时刻样本》之《拾陆时》胸针 。

最开始李怡仍然通过雕蜡的方式来制作樱花，但她发现当蜡转化为金属后就失去了轻薄之感，如图 3-15 所示。这恰恰是她希望在作品中表达的——不是对自然花朵的复刻，而是通过作品体现一种脆弱不安的状态。因此，之前作为配角的羊角成了理想材料，它可以被雕刻得薄如蝉翼却仍有韧性。该材料所包含的另一层象征意义也被她敏锐地捕捉到了：羊角是自然生长出来的材料，是生命体的一部分。累积而成的材料随着雕刻而消减，在生成与消亡之间是生命与时间的不可逆。这一点逐渐发展为整个系列作品的以时间为轴的创作逻辑，“雕刻羊角”本是非常机械化的体力劳动，却被她理性地凝练成对时间的思考。

图 3-15

雕刻后的羊角与雕刻后的蜡的对比。

李怡希望加入抽象的几何形态去平衡花朵枝叶原本细碎的形态，并将自然形态收束到概括的形态中。因此，她将黑牛角雕刻成抽象的水滴形，和花瓣的纤弱相比，它是沉甸甸的、厚实的。从中抽出的挺拔的枝蔓，是支撑着柔弱的花朵的坚韧力量，如图 3-16 所示。在这件作品的形态设计中，理性思考后的有意为之起着主导作用。

图 3-16

黄羊角雕刻而成的樱花和以黑牛角雕刻而成的下半部分形成了轻与重、具象与抽象、纤弱与厚实的对比。

在接下来的创作中，她选择的叶片或种子的形态并不是来自特定物种，而是一种更普遍的生命意象。她所追求的形态也逐渐清晰——“达到临界点”，即材料将破未破之时的状态，脆弱却坚韧。植物的形态多是收缩、干瘪的，但细致入微的生动细节，又令它们充满个性、变得鲜活。在这一阶段，李怡并不是一件接一件地完成独立的作品，而是先制作具象的植物部分，再将它们组合起来或为它们配上部件。她形容这个过程像在森林里捡果子，只不过这些果子都是她自己创造出来的。她有意地摆脱造物者的身份，而保留着与这些自然形态相遇时的惊喜，就如同她在《柒时》中表达的——种子从一块混沌的物体中被发掘，在雕刻之前它就已经存在于那里，如图 3-17 所示。植物被假定为无意识的偶然拾取，这给主观意识的进一步介入留出了充足空间，例如在《伍时》中，极简的圆柱和光洁如镜的银片具有强烈的人工感，叶片与圆柱和银片形成鲜明对比，显得十分突兀，如图 3-18 所示。但正是这种刻意和不自然，使得整件作品获得了一种纪念碑式的仪式感。感性与理性，有意识与无意识——李怡显然已自由地游走其中。

图 3-17

《时刻样本》之《柒时》胸针，该胸针由黑牛角、银制成。

图 3-18

《时刻样本》之《伍时》摆件局部，叶片微微嵌于圆柱体之上，看似状态不稳定，却又毅然矗立在那里。

在这种纯手工的实践中，李怡却为自己设立了一套似乎有些偏执的规则——每次最长只工作一个半小时，并要进行详实的时间记录，如图 3-19 所示。然而这个机械化的时间长度由一个纯感性或者说纯生理的原因决定，即她戴着全套防护设备在充满粉尘与噪声的环境中工作所能坚持的最长时间。由此，身体对时间的个人化体验通过具有理性规则的工作方式被量化和可视化。

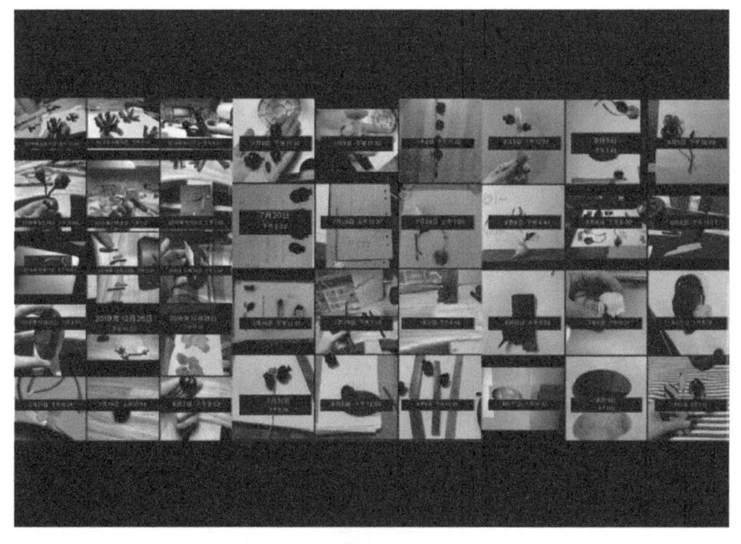

图 3-19

李怡所做的时间记录。

整件作品共耗费 76 小时，但历时七个多月。李怡将精确的、客观的、无形的时间栖身于手工制作的、不确定的、主体化的形态中。在给作品命名的时候，李怡又经历了一轮挣扎——感性与理性的平衡。在创作时，她总是戴着降噪耳机，耳机里有时会播放现代诗，因此，某些词语在不经意中与双手间的劳动暗合，她曾想过用这些诗句为作品命名，在展览的过程中，将诗句与作品并置。但她最终选择用工作时长来命名，例如《拾时》《伍时》。她将有限的语言点到为止，将无限的想象留给观众。纵观李怡的个人创作，不难发现她偏爱以这种"样本式"的命名方法为这些看上去十分感性的作品进行归档编号：《未知名——与种子相关的首饰》系列的《五角枫种子》《紫藤种子》，《钻石戒指》系列的《棉》《丝》《柳》，如图 3-20 和图 3-21 所示。这种刻意营造出的逻辑架构，透露着一丝理性思考的"破绽"，让观众突破感性的视觉表象而更加接近自然造物（《未知名——与种子相关的首饰》）、物质与情感（《钻石戒指》）、时间消长（《时刻样本》）的言外之意。

李怡的《时刻样本》制作于 2019 年末至 2020 年，贯穿了疫情最艰难的时期，但居家隔离带来的行动限制并没有束缚她的双手与思想。这种创造的欲望就像她所塑造的生命意象，在压缩与受限之中，依然无声，但坚定地生长。

《未知名——与种子相关的首饰》。此系列作品以植物种子为研究和表现对象，用以小见大的方式，重新审视既陌生又熟悉的事物和情感。

图 3-20

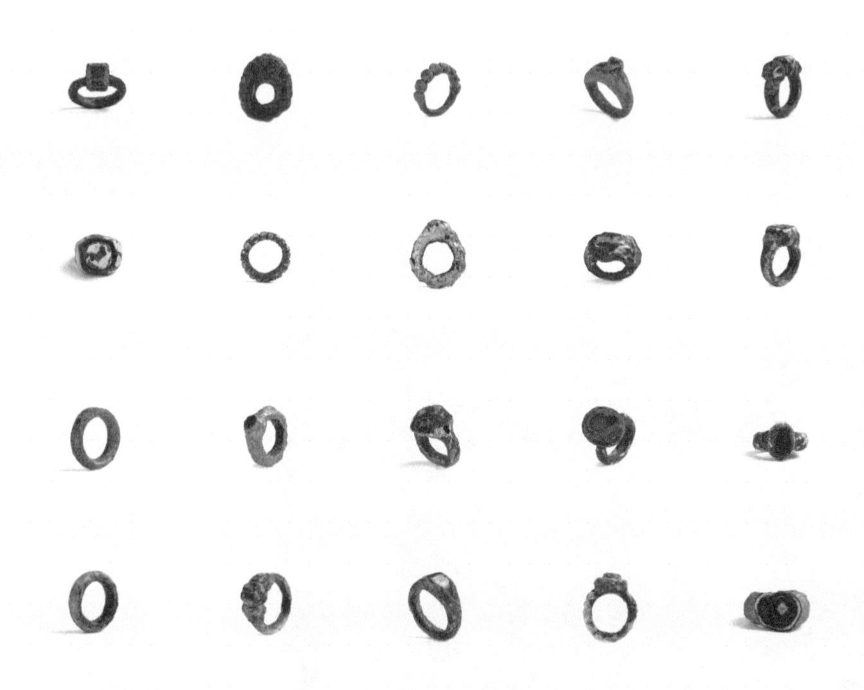

图 3-21

《钻石戒指》。全系列共40枚戒指，使用了9种生活中较为常见的物质（纸、棉、皮、丝、木、铜、柳、银、金），以钻戒的造型表达了婚姻生活中不同阶段的情感色彩，具有随时间累积而愈发深沉厚重的视觉效果。

◆ 半开放式的首饰形态设计

半开放式的首饰形态设计是指创作者让渡了部分对首饰具体形态设计的控制力，也就是说，和首饰惯常的创作过程不同，创作者并没有创造一个唯一的、确定的具象或抽象形态，而是通过参数化设计、系统设计的方式构建了首饰形态生成的规则。前文中反复强调在展开具体的首饰形态设计之前需要建立视觉依据，而这种视觉依据往往由创作者建立、执行并完成，这是一个自上而下、一以贯之的线性过程。在半开放式的设计方式之下，设计师只能完成形态设计的一半——规则的建立，而执行规则的这一半则被交给不可控的数据、匿名者。因此，在这种方式下诞生的形态一定与纯主观创造的形态不同，无论是纯理性的数据生成还是纯客观的外界参与，它们都让我们看到首饰形态脱离创作者之后的可能。

这种方式的核心价值并不仅限于形态上能够突破主观想象，而在于去中心化、失控与互动的造物方式，因为它影射着我们所处的宏观世界的发展趋势。正如 Kevin Kelly 在《失控》中描述的——互联网时代的造物方式是自下而上的涌现、不断的迭代，而没有绝对权威的“大脑”。

在普遍印象中，参数化设计和电脑建模、编程算法、酷炫外形、3D 打印等密不可分，如今离开计算机做参数化设计似乎是天方夜谭，其难度如同手动造飞机。但参数化作为一种思考和研究的方式，早在电脑发明之前就已经应用在了设计领域。参数（Parameter）可以简单地理解为变量，参数化就是通过改变特定的数学模型中的变量，获得随之变化的结果的方法。举例来说，一条通过坐标原点的直线，可以表示为数学方程 $y=kx$。在这个特定的方程中，随着 k 的改变，直线的倾斜角度也会发生变化。可见参数化设计不是在纸上画一条具体的直线，而是通过设计方程、调节参数来获得一系列符合特定规律的直线。正如 Daniel Davis 在《参数化简史》(*A History of Parametric*) 中所指出的，参数化的设计方法的核心并不在于是否使用计算机、是否有酷炫外形，而在于用特定的数学模型建立不同的独立的量（Independent Quantities）之间的联系，从而达到通过调节数学模型中的变量（Variables）获得自动生成的新结果（Outcomes）的目的。高迪的建筑便是非计算机参数化设计的杰出作品，在设计科洛尼亚古埃尔教堂（Colònia Güell Chapel）的过程中，他将绳索自然悬挂并以小沙袋为配重来获得力学结构最合理的拱形，再将其翻转过来便得到了教堂的外部形态，如图 3-22 所示。他所使用的数学模型并非电脑中的方程（虽然如今也可以在电脑中用悬链线方程进行模拟），而是重力。因此，垂悬的绳子的形态随着沙袋的配重与绳子的数量、长度、组合方式等变量的改变，在重力规

图 3-22

高迪为科洛尼亚古埃尔教堂制作的悬链模型，从右图可以看出教堂外形来自由重力产生的悬链的镜像。

则的约束下自然地不断发生新的变化。将这些变化放在教堂中即为建筑外形随着建筑高度、墙面与拱券数量的变化而调整。在建筑设计中，设计师通过参数化的方式可以根据悬链的重力获得拱顶的形态，通过肥皂水的张力表面获得建筑外墙的最小曲面模型，通过光照的角度和强度进行建筑外观的形态设计，通过湿羊毛实验研究最佳路径规划，如图 3-23 至图 3-25 所示。因此，极尽复杂的酷炫造型只是参数化设计最受瞩目的外在特点，而让物理重力、自然光照乃至行人的行动路线成为影响建筑设计的参数，颠覆建筑由单一中心、自上而下地进行设计的传统，让参数与周围的环境、人产生反馈和互动，这才是参数化设计提供的新的方法论。

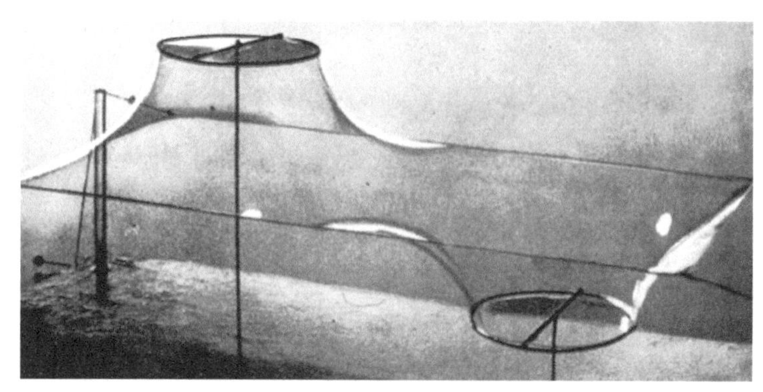

建筑师Frei Otto进行的最小曲面实验，他通过肥皂水在铁丝框中形成的张力表面来获得建筑外墙的最小曲面。

图 3-23

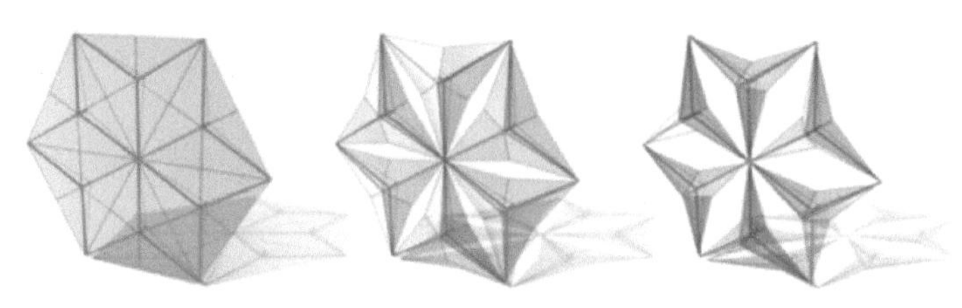

巴哈尔塔（Al Bahar Towers）外立面的可折叠幕墙能够根据阳光的角度与强度而展开或折叠，具有调节光照和景观视角的功能，同时能创造多变立面造型。

图 3-24

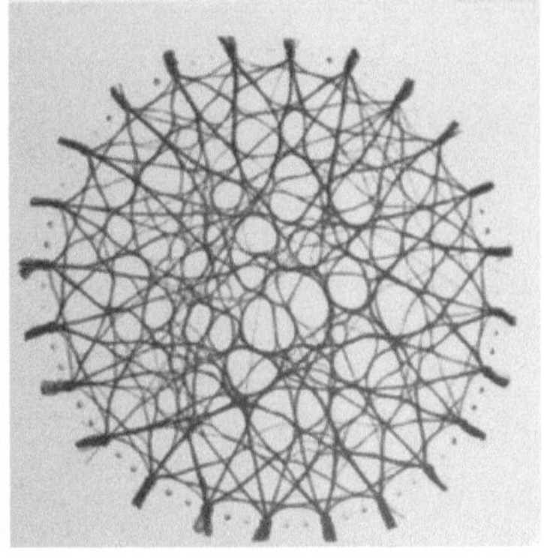

图 3-25

左图为ZaHa Hadid的Kartal-Pendik总图设计，路径规划以Frei Otto的湿羊毛实验（右图）为基础。羊毛浸水后相互连接形成的网络可以模拟在一块区域内未经设计而自发形成的路径。

首饰的形态并不像建筑设计那样受到功能需求和力学结构的严格约束，因此，在首饰设计中参数化设计往往只被用于做造型，再结合 3D 打印的成型方式，就能创造出传统金工难以实现的视觉效果，例如仿生的细胞、海洋软体生物，如图 3-26 至图 3-28 所示。参数化设计也是在首饰这个相对传统的领域中，能轻而易举地与科技主题建立联系的为数不多的内容。但它通过数学模型建立独立数据之间的关联性和通过自下而上、去中心化的方式获得可变化、可发展的设计结果的核心逻辑反而被弱化了。人们仍然像在传统设计模式中那样只寻求一个固定的、终极的形态结果，抑或只将参数化设计作为所谓的前沿科技在首饰中应用的噱头。

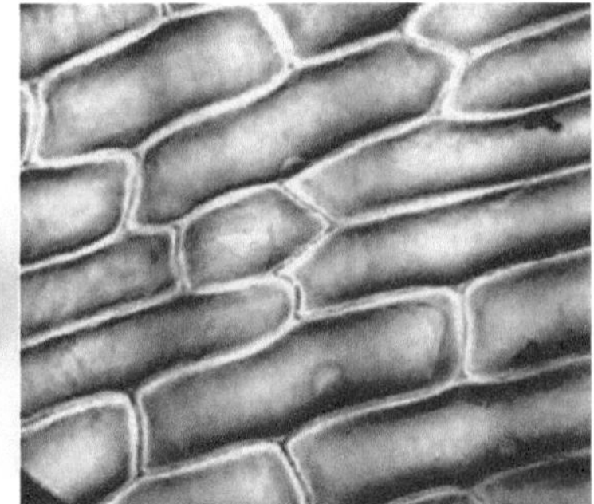

图 3-26

细胞手镯，由神经系统工作室（Nervous System Studio）设计。它以细胞形态为基础模型，由3D打印技术制成，材料为黄铜。

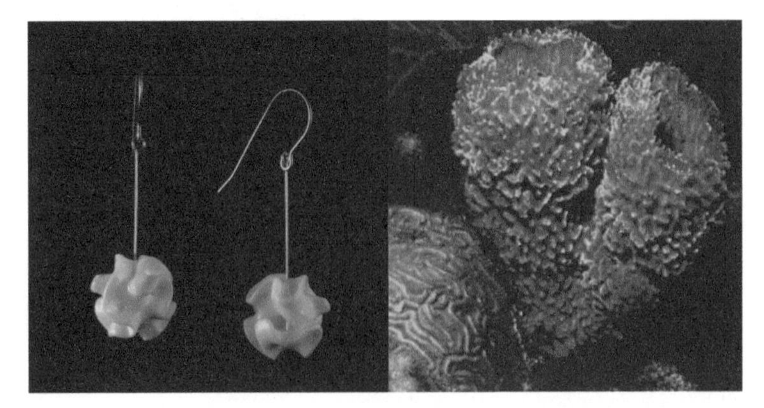

图 3-27

海洋软体生物耳环，由神经系统工作室设计。它由3D打印技术制成，材料为陶瓷。

吴詹妮（Jenny Wu）设计的项链作品，由3D打印技术制成，材料为尼龙。该项链拥有骨骼般的形态和质感。

图 3-28

那么参数化设计在首饰中除了能创造新颖的形态之外，它所提供的方法论是否能契合首饰创作中的某些议题？这些议题要求创作者摒弃对具体的、固定的、单一的外形进行控制，而需要借用某种数学系统，让首饰在其中自动生成。换句话说，创作者不仅创造首饰的最终形态，首饰生成的过程亦是表达其观念的内容。

◆ 《恋爱方程》——批量生成的独一无二

刘洋的《恋爱方程》便是在首饰领域实践参数化设计方法而非追求参数化视觉风格的例子。这组作品并不像“印象中的参数化风格”那样奇巧，这是因为她想表达的内容本与仿生感、科技感无关，而是想用参数化设计的方式重新诠释对爱情信物的“私人定制”的理念，如图 3-29 至图 3-31 所示。首先，这个信物需要通过数学模型和客观数据来建立与定制情侣相关的对应性，以此确保其独一无二的特性。以这样的方式建立的对应性比传统信物通过主观比喻和象征（例如定制婚戒时利用花卉、动物或符号作为两人的象征）所建立的对应性更加准确和独特。同时这样的方式让“定制”可以在参数模型中快速生成，而无须与定制情侣长期、反复地沟通交流，从而降低了定制成本。用刘洋自己的话来说就是“批量化的定制”，参数化设计调和了批量生产与私人定制这对矛盾。

图 3-29

《恋爱方程》系列之《高露瑜和黄启覃》，由3D打印技术制成，材料为树脂，模特即为定制情侣。

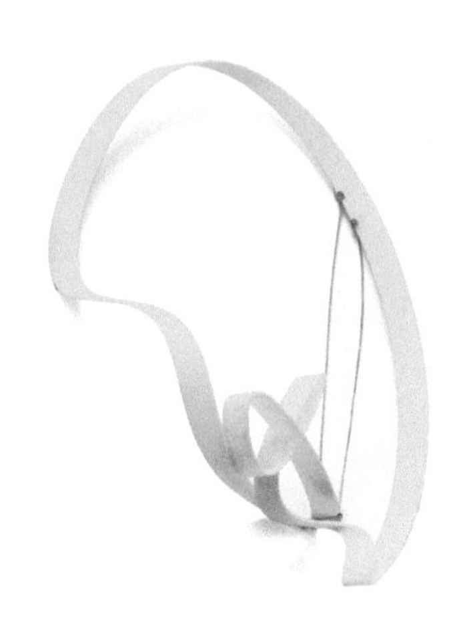

图 3-30

《恋爱方程》系列之《郃郃与小贺》，由3D打印技术制成，材料为树脂。

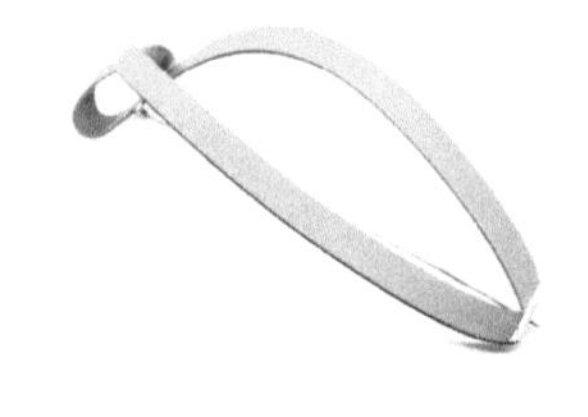

图 3-31

《恋爱方程》系列之《Tina和邢老师》，由3D打印技术制成，材料为树脂。

落实到具体的设计内容上，刘洋面对的是所有参数化设计中最核心的两个问题：以什么数据为参数（变量）；将这些参数用于怎样的数学模型，也就是生成怎样的形态。针对第一个问题，她首先确定了数据需要从定制情侣的相关信息中获取。最开始她考虑过两人的身高、体重，甚至名字笔画、血型，最终她选择了和两人恋爱有关的日期作为用于建立模型的数据，包括两人的生日，以及对于两人来说具有纪念性的日期，例如第一次见面、第一次激烈地争吵、结婚纪念日、宝宝的出生等日期，如图 3-32 所示。日期与两个人之间的情感发展具有必然联系，而身高、体重、血型是与感情无关的个人因素，尤其是将体重这种不断变化的数据和恋爱关联在一起会给人一种牵强附会、莫名其妙的感觉。提取参数后，刘洋将日期数据转化为空间坐标中的点，以相识日期的坐标点为起点，以最短曲线的生成方式按时间顺序逐一通过其他坐标点，并用连接两人出生日期的坐标点的线段为横截面的宽度在已经生成的曲线上进行扫面，如图 3-33 所示。随着情侣恋爱时间的增加，具有特殊意义的日期也会随之增多。在视觉化的过程中，时间与首饰形态的复杂程度成正相关性，也就是时间越久，首饰越具有盘根错节的形态趋势，这种趋势与感情状态的类比具有一定的合理性。最后刘洋人为地加入了体积的因素，将情侣两人在一起的年数作为乘积参数（例如某纪念性事件发生在恋爱的第 3 年，则其坐标点的 x、y、z 的数值均乘以 3），让时间段的持续性也外化为可以被感知的视觉结果，如图 3-34 所示。

生日	1985-03-22	(5，3，4)
生日	1990-04-15	(1，4，6)
相识	2013-10-13	(6，1，4)
相恋	2015-01-23	(8，1，5)
新的生活	2015-02-30	(8，2，3)
一起过的第一个生日	2015-04-15	(8，4，6)
第一次收到对方的礼物	2015-07-23	(8，7，6)
第一次吵架	2015-10-15	(8，1，6)
见家长	2016-02-16	(9，2，7)
搬家	2016-03-01	(9，3，1)

图 3-32

数据采集过程与坐标点的对应关系。以相恋日期为例，年份2015：2+1+5=8，月份1，日期23：2+3=5，因此得到坐标点（8，1，5）。

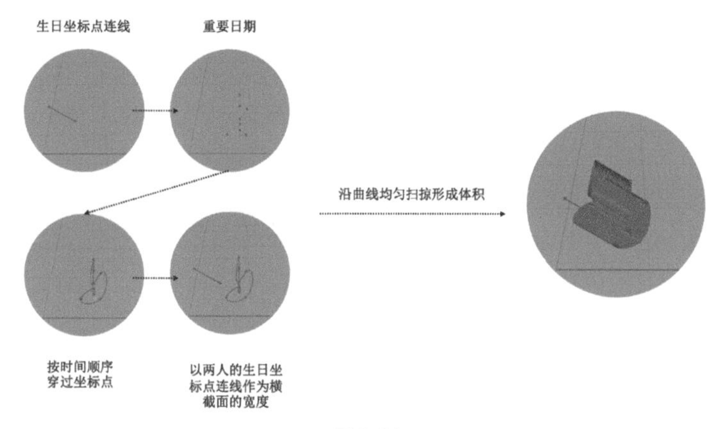

图 3-33

日期转化为坐标点并生成形态的过程。

在这组作品中，创作者没有办法也并不追求每一件作品的形态是否美观，而将重点放在形态生成的过程中。当情侣们一起回忆相知、相恋过程中的点点滴滴，并带着好奇的心情等待个人化的恋爱经历转化为视觉结果时，就像期待一株精心浇灌的花朵开放，或遇见一位相识很久却从未谋面的友人。这种定制不再依靠设计师的主观比喻和想象，而成为系统中确实无疑的独一无二的存在。

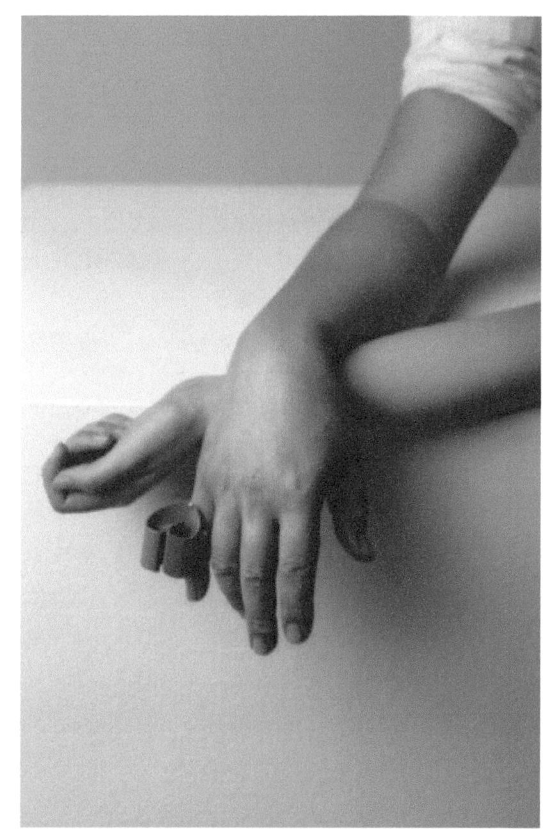

图 3-34

由以上数据生成的最终实物的佩戴图。

◆ 《云上的牡蛎》——首饰 DIY 的新可能

张宁远的《云上的牡蛎》里的首饰如同形态各异的外星生物，但它们不是来自电脑算法，而是出自张宁远所设计的一款关于首饰制作的网络游戏，如图 3-35 所示。简单来说，该游戏就是模拟首饰的制作过程，但该游戏的特点是引入了熟人社交这种时下最为有效的线上社交模式。该游戏的玩法是用户自发结成团队，共同设计、制作一件首饰，每位用户只能参与首饰制作的一部分，再由平台对结队用户提交的设计元素进行组装，从而生成最终的成品首饰，如图 3-36 所示。作为一个本科毕业创作作品，这可谓是一个颇有野心的尝试，虽然面临着许多可行性方面的障碍，但她提出了一种全新的对于首饰消费体验模式的设想。

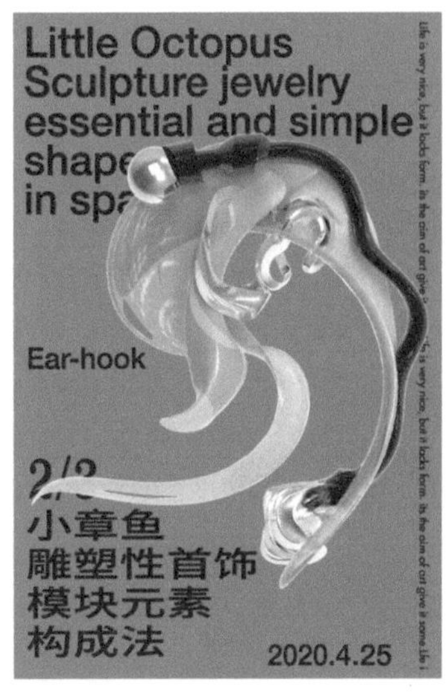

图 3-35

张宁远的《云上的牡蛎》中的《小章鱼》。该作品由4位用户共同完成，使用的元素为钥匙模型、蓝牙耳机模型、锤子模型（大）、锤子模型（小）。

图 3-36

游戏流程示意图，整个过程由4个部分组成。首先，由每位用户在数据库中选择基础元素；其次，由每位用户分别对元素进行二次加工；再由平台对用户提交的元素进行组装；最后以数字虚拟或者3D打印的方式生成成品。

既然是游戏，那么最重要的内容之一就是游戏规则的设定，好的游戏的规则既不能太简单，让人很快对游戏失去兴趣；也不能过于困难，令人望而却步。

过于简单与过于困难的“首饰游戏”在我们周围并不少见，这两种模式也是目前首饰消费市场中主要的定式化模式——模块化重组和首饰 DIY 体验。前者如线上钻戒定制，虽然人们可以通过钻石形状、镶嵌方式、戒圈截面等数十项内容的选择形成个性化定制，但由于有限的素材库和组合方式，最后呈现的结果仍然大同小异，人们在选择之前就能预见结果，因而会失去惊喜感。而线下的首饰制作体验则面临着门槛过高的问题。消费者往往只会进行一次制作体验，他们仅有的好奇和耐心会在小心的切割和反复的打磨中被耗尽。所以许多制作体验店里将首饰制作的过程简化为组装“材料包”，例如在戒圈上用钢印敲上字母。用户主动发挥的内容十分有限，这就使游戏又过于简单。

因此，如何平衡游戏规则的难易程度，让用户在循序渐进的可控过程中体验到创作的自由，成了游戏设计的核心。针对这一点，张宁远在用户参与的两个环节上进行了有效的设计，以实现“控制”与“失控”的平衡。

第一步，张宁远对游戏起点进行了主动筛选，即为用户提供进行首饰造型的基础元素。她没有以几何形体（例如球体、立方体）或抽象的泥团为基础元素，而以生活中具有明确功能与含义的物品为基础元素，例如瓶盖、勺子，如图 3-37 所示。一方面这些物品本身拥有丰富的形态；另一方面具象的形态使得它们具有一定的指向性和启发性，从而能诱导用户对它们做出调整。因此，在这一环节中，用户并不会有面对一张白纸束手无措的感觉，而会被素材库提供的基础元素带入游戏，并且所有的基础元素都已经在作者的预设之中。

图 3-37

选择基础元素的游戏画面。在本环节，设计师营造出了在博物馆中参观的场景，用户可以在其中选择基础元素，并且可以通过关键字检索，搜索想要的物品。

第二步，张宁远分解了首饰制作过程中的主要动作，包括切割、锤敲、打磨、融化、改变颜色等，并让用户逐一使用这些方式对基础元素进行二次加工。但她并没有完全复原首饰制作的流程，而使用适配于手机游戏的手势操作，以使用户可以对这些基础元素进行放大、缩小、弯曲、拖拽等在物理世界中不可能实现的操作。在这一环节中，流程的设定逐步引领着用户，但在每一步中用户又拥有充分的自由。正是这种“失控”使得用户的参与突破了“搭积木式”的组装模式，而拥有了完全个性化的样貌，如图 3-38 和图 3-39 所示。

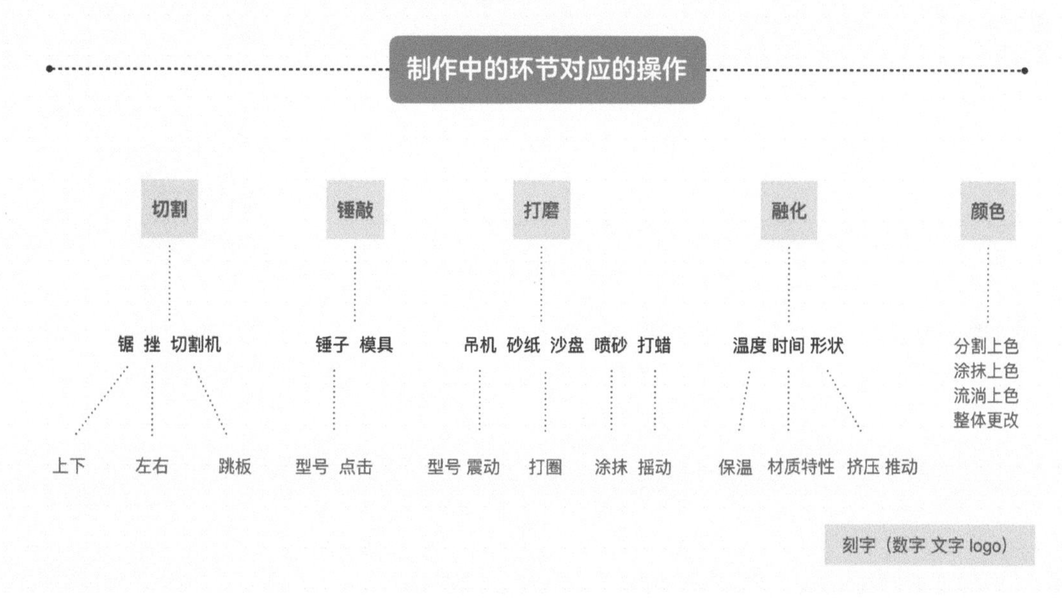

图 3-38

首饰制作流程分析图。

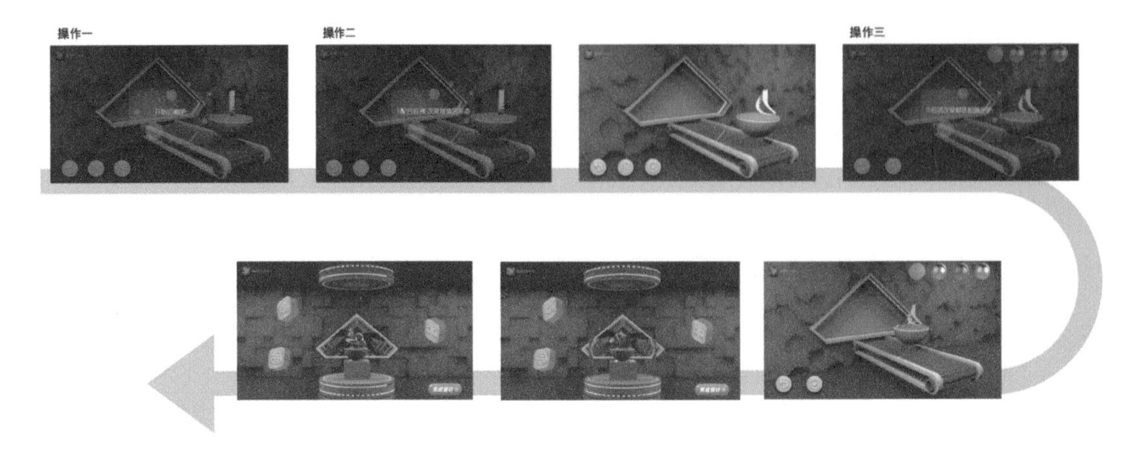

图 3-39

第二步的操作流程图。操作一为切割，操作二为拉拽改变形态，操作三为赋予物品颜色。

第三步，社交模式的引入使得每个用户只能完成对一个元素的改造，而无法干预团队其他成员对其所选元素的改造。最后由平台（目前为创作者本人）将各个元素组合在一起形成完整的首饰，因此，最终结果始终具有神秘感与惊喜感，如图 3-40 和图 3-41 所示。

图 3-40

3位用户选择的基础元素分别为鹅卵石、啤酒瓶盖和美妆海绵。

图 3-41

最终由平台将3个元素组合为最终的完整首饰。

通过这个创作，张宁远回应了对于疫情隔离期间生活方式发生巨大改变后的思考——首饰将会通过怎样的方式介入线上生活？在她的设想中，组队的用户也许是异地恋的情侣，他们希望一起做一件首饰，或者是一群伙伴，他们想要合力为某个朋友制作一件礼物。但抛开这些现实中的使用情境，仅仅考虑线上体验，这个首饰游戏是否仍有价值？让人们在协同完成一件首饰的过程中激发创造力和想象力，建立人与人真实的情感联系和交流，这无疑就是这个虚拟游戏具有的现实意义。

第4章

丰富而细腻的语言——以材料为主导的创作策略

CHAPTER 04

什么是以材料为主导的创作策略

材料对于首饰来说，如同颜料之于画家，音符之于作曲家，它们最终呈现在观众面前，代替创作者去说话。而在艺术首饰中，材料不再局限于贵金属与珠宝，世间万物都可以成为首饰的材料，这为创作者带来了无限自由，也意味着创作者将面临更高的难度和更大的挑战。

20 世纪 60 至 70 年代，当代首饰运动初见雏形，非常规材料的使用就是其极为显著的一个特征。廉价的亚克力易于加工，并且拥有绚烂的色彩；铝合金可以用来做出夸张的造型，但其成品仍十分轻便；日常的现成品甚至垃圾让首饰创作不再是只有工艺精湛的金匠才能进行的严肃事情。这些材料丰富了传统首饰的色彩，突破了细小的体量，颠覆了佩戴与身体的关系。为什么这一时期的艺术家们不约而同地开始用非常规材料进行创作？不仅仅是因为颜色、肌理、重量这些客观属性，更重要的是因为它们所代表的社会属性与象征意义——平民化、大众化，对贵族阶级、精英文化的反叛，对现代工业、太空竞赛的反思。材料本身是有含义的，它并非只是用来表达其他内容的媒介，这使得材料在当代首饰中的内涵与在工艺美术中的内涵截然不同。而以材料为主导的创作策略，要求我们在创作过程中透过材料的质感、颜色、肌理等与材料的含义对话，并恰如其分地将其使用在我们的作品中。

“材料试验”中的掌控与失控

从创作过程来看，“材料试验”是创作实践中的主要研究手段。我们进行“材料试验”的首要目的是了解和研究材料的客观属性，以及掌握材料处理的基本规律，然后在此基础上，捕捉或创造某种特质，并让这种特质能为我所用，也就是我们希望控制材料，让材料呈现出我们所希望的状态。但同时我们也要与材料带来的意外与失控合作，依据规则而变通创造的过程是材料试验的基本原理，正如首饰艺术家李一平所描述的那样：“……首饰最后所呈现的样子，创作者在创作过程中是很难预见的，甚至他可能不愿过早地预见，因为实现了一个工艺流程后的材料可能与预想中的并不一样，但这种情况反而能给创作者提供新的方向，这个过程显然比材料真的如预想中的那样更有趣。”

“客观材料”与“主观感受”的互译

以材料为主导的创作策略的难点在于“客观材料”与“主观感受”的互译。一方面，当我们在材料试验中得到了一种材料的有趣的状态时，需要思考它可以用来做什么？即将客观材料转译为主观表达。进行这种转译的首要条件是我们要基于材料所呈现的状态（颜色、肌理、质感、形态）产生自然而然的联想，再通过进一步的材料试验，将能够生发这些联想的要素处理得更加强烈、细腻和准确。另一方面，如果先有概念，我们要如何找到合适的材料？即要表达的内容该怎么通过材料转译出来？这就需要我们快速地进行大量的材料试验，并始终带着对概念的清晰定位，筛选出一个大致的试验方向。如果平时你对材料素材进行了观察与积累，此时就能更快地调动熟悉的材料素材。材料的最终选择，往往是主观概念与客观条件共同作用的结果。例如在创作者的主观概念下，可能会有一个纯粹理想化的形态，而材料的客观条件却制约了形态的表达，也就是这种理想化的形态是无法实现的。这个时候就需要我们利用从材料试验中获得的经验，对设计做出调整，但这些调整并非是在削弱概念，而是让概念在材料的反作用下变得更加具体、细腻、生动。

由此，我们可以得知与材料打交道需要具有严谨的试验操作能力、敏锐的观察力、细腻的感受力，以及虽然听上去有点玄，但极为重要的预感和直觉。毕竟我们不可能在穷尽材料所有的状态之后再从中挑选，因此我们有时也需要凭借感觉的牵引和材料一起往“对”的方向推进。

以材料为主导的创作策略的两种基本思路

总体来说，以材料为主导的创作策略无外乎两种思路：一种是从材料出发，为材料寻找合适的表达内容；另一种是从概念出发，为表达概念寻找恰当的材料。在实践中这两种方法并不是互斥的，材料与概念在创作过程中将逐步清晰，并彼此逐渐靠拢，最终交汇于一点。每一种材料都有多种处理手法，同一个概念也可能有不同的表达，材料与概念的交汇并没有准确的位置与唯一的方式，我们所要努力追求的是通过对材料的处理，创造出恰当的气质与氛围。观众也许无法一语道破作品所要表达的概念，但是他们已然身在其中。

◆ 从材料的客观属性出发

从材料的客观属性出发，我们可以将材料的优势与特性作为主要的研究方向。事实上，材料自身的特性本无优劣之分，其延展性、导热性、硬度、脆性都是客观属性，但当材料的某种属性在被巧妙利用后满足了某种功能与审美时，这一特性就变成了材料的优势。例如 BBC（British Broadcasting Corporation，英国广播公司）的纪录片《天赋设计》中作为现代设计诞生的经典案例的 10 号鼓手羊毛剪的制作便利用了材料的优势，如图 4-1 所示。创作者利用钢铁的硬度打磨出锋利的刀刃，利用退火后的弹性制作出灵活开合的张力结构，无须增加其他任何材料，仅靠钢材料自身的两种特性便制作出了这枚单手就能操作的羊毛剪。历经 200 多年，除了改变一下剪刀上喷漆的颜色，我们无法给它加上些什么，更无法减少些什么。它的优雅源自材料、功能与形态的精准匹配。

由Burgon&Ball公司生产的10号鼓手羊毛剪。

图 4-1

同样，在陈世英的作品中我们可以看到钛金属的优势被发挥得淋漓尽致，如图 4-2 所示。对于传统高级珠宝来说，贵金属往往只用来固定宝石，它颜色单一，是功能性的配角。但是创作者利用阳极氧化技术使钛金属具有五彩斑斓的颜色和晕染渐变的效果。除此之外，钛金属密度较低，同等体积的钛金属的重量仅为黄金的 1/4，所以，以钛金属制成的首饰的体量与造型可以更加夸张与自由。用钛金属来表现自然界的花鸟鱼虫的绚烂与灵动，可谓为它找到了最恰当的表达内容，它能将材料的优势与特色完美地展现出来。

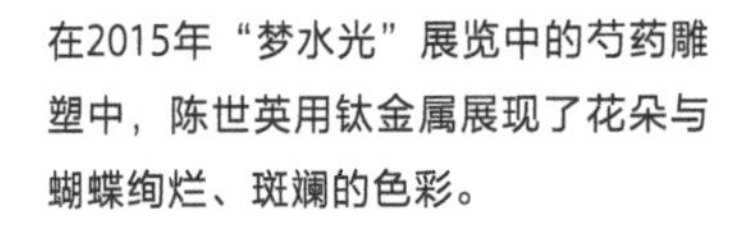

在2015年“梦水光”展览中的芍药雕塑中，陈世英用钛金属展现了花朵与蝴蝶绚烂、斑斓的色彩。

图 4-2

材料的客观属性的劣势也能成为被设计、被玩味的对象。对常规意义上的首饰来说，脆弱、易碎、不稳定、氧化、褪色、变形、过重等往往是材料的劣势，这些劣势会造成首饰的不宜佩戴、不易保存、形态易被破坏、价值易被损毁等问题。在传统珠宝领域，创作者会用工艺技术去克服材料劣势，例如 3D 硬金在其制作过程中便采用了电铸与 CNC 技术去克服传统铸造金饰过于柔软、形态单一的问题。但是从设计的角度讲，我们并不是要去改变材料的特性，而是要利用它所谓的劣势，使之成为设计中的特点。众所周知，金箔一般被附着于其他材料用于装饰表面，而它自身薄如蝉翼，吹弹可破，很难被独立使用，但 Kim Buck 在“金喜卡”的设计中恰恰利用了金箔易损的特点。打开金喜卡时，人们看到的是一块完整的金箔，而玄机暗藏其中。当人们对着金箔轻轻吹气，未固定在卡片上的金箔就会破碎开来，化作漫天飞舞的金片缓缓落下，留在纸上的金箔则呈现出一句祝福语或者一个吉祥图案。金箔从完整到破碎的“损毁”过程，通过艺术家的巧思被合理化为一次给人带来惊喜的仪式，如图 4-3 所示。

图 4-3

在“稀捍行动”与南京市人民政府共同发起的“传统手工艺大师驻地计划”中，丹麦艺术家Kim Buck利用非遗工艺南京金箔设计的“金喜卡”。

设计师在首饰制作工艺中应避免镀金褪色的问题，以保证首饰拥有一成不变、崭新如初的色泽。但在李怡设计的对戒中，随着镀金表面被慢慢地磨损，对戒上将会逐渐露出“FOREVER TRUST”（永远信任）的字样，如图 4-4 所示。这种不经意间的磨损与显现，恰恰是设计师意图传达的对婚姻的理解——日积月累，细水长流，在平淡中见真心。

白金对戒在佩戴之后会露出用18K黄金雕刻的“FOREVER TRUST”的字样。

图 4-4

◆ 以材料的主观性质为创作起点

除了在材料的客观属性上做文章、下功夫，材料的主观性质同样可以成为设计的起点。例如材料给人的官能感受、令人产生的主观联想以及隐含的象征性内容，这些都是在创作中可以挖掘的地方。一头乌黑亮丽的秀发令人羡慕，当它们被绞下，便顿时产生了不同的意味。如果是亲人的头发，可以留作纪念。就像维多利亚时期盛行的哀悼首饰一样，逝者的发丝被挽成优美的曲线或被精心编织，与宝石、珐琅组合成美丽的首饰，如图 4-5 所示。

维多利亚时期盛行的用逝者的头发做成的“哀悼首饰”。

图 4-5

这些发丝仿佛还残留着温度，证明生命曾经存在的痕迹，因此再也没有材料比亲人的头发更能令人产生这种情感上的连接了（事实上，到了维多利亚时期后期，在很大程度上，哀悼首饰已经失去了纪念逝者的含义，而完全变成一种审美潮流。据记载，每年有 50 吨的头发被进口到英国用于珠宝加工）。但如果发丝来自一个匿名的亡者，就同我们如今再看哀悼首饰——美丽、哀怨，还有挥之不去的寒意与恐怖，这也是许多材料都无法引起的最本能、最直接的感受。你是否愿意触摸它，愿意佩戴它？滕菲教授创作的《40 日记》，便是以头发制成的一条项链，如图 4-6 所示。“2003 年‘非典’爆发，习惯留短发的我开始留起了长发。每天梳头时都会脱落许多发丝，我每日都会将脱落的发丝收集起来，标上日期，并收藏在一个自己心仪的盒子里，记录那一年的故事。”艺术家对头发的处理不同于“哀悼首饰”呈现出的刻意与精巧，发丝看似被随意地团成球状，由小渐大连缀而成的链条却营造出了一种微妙的仪式感，恰似每天写下的日记，是放松的、个人化的记录与体悟。无须过多的造型语言去阐释概念，头发自身便已混合了彼时彼刻的身体、时间与经历，成了不可替代的记录载体。

图 4-6

2003年，滕菲教授创作的《40日记》，用发丝与银制成。

艺术家 Marta Mattsson 则利用材料与形态的冲突，表现出了一种迷人的张力。她的《重生》（*Rebirth*）系列作品乍看上去是充满少女感的蕾丝蝴蝶结，如图 4-7 所示，但当你定睛观察时，则会发现有的蕾丝呈半透明的皮肤质地，有的蕾丝上面布满细腻的毛发。生物材料总会让人本能地产生不适。烧焦的边缘勾勒出精致的蕾丝，仿佛还散发着蛋白质燃烧后的气味。正如艺术家所要表达的“你对某种东西心生抗拒，但又忍不住去再看一眼”，这种使人不安的材料与赏心悦目的造型之间产生的巨大反差，创造出了令人畏惧却又使人被深深吸引的奇妙感受。

图 4-7

《重生》，由小鹿皮、小牛皮等生物材料制成。

以材料为主导的艺术首饰作品案例

与材料合作是一场未知的冒险，因为世界上有无数种材料，每种材料也有多种处理手法，我们便有无数个可以前进的方向，但这也意味着没有方向。我们在以材料为主导的创作中常常会陷入这种困境。在真实的创作中，创作者未必是先想好了“这次创作我要以材料为主导”，而只是在动手之前有一个基本的、非常模糊的概念。在寻找如何去呈现这个概念的过程中，创作者被推向了材料。接下来的 3 个创作案例的出发点各有不同：有主观感受，例如“冷”；有具体事物，例如“蚊子包”；还有社会观念，例如“女性角色”。在创作者们各自与材料的冒险中，如果她们有什么共同的原则，那就是不断回溯最初想要表达的概念，她们通过寻找材料、处理材料，让模糊、单薄、空泛的概念变得具体、丰满而动人，最重要的是使之成为她们自己的概念。没有绝对“正确”的材料，只有经过创作者处理后，恰当的、具有个人特色的表达。

◆《冷境》——用材料营造情绪与氛围

李安琪自述：“本次创作希望用首饰的语言表现‘冷’。‘冷’往往通过触觉表达，而此次创作是从视觉入手，用视觉化的造型语言表现寒冷。在模型制作和受访者测试完成之后，我最终选中了白色石膏作为创作材料。每个人都是一座冰山，旁人看到的其实只是每个人露在外面的一角，因为人性存在着许多不可见的部分。‘冰山’一词在此并无褒贬之义，我的态度亦是中立的。”其《冷境》系列作品如图 4-8 和图 4-9 所示。

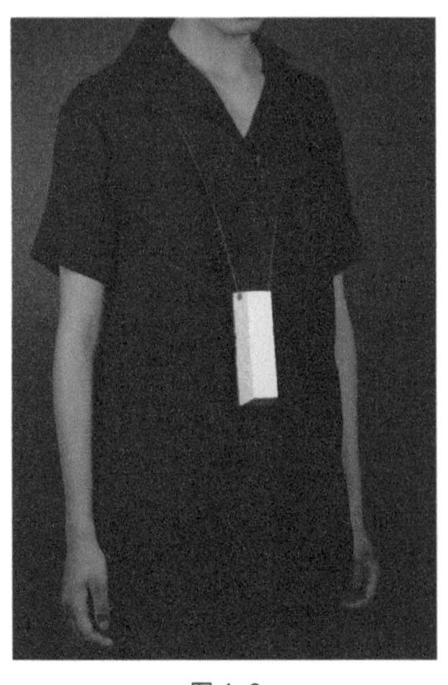

图 4-8

2012年，李安琪的《冷境》系列中的项链。

图 4-9

《冷境》系列之胸针。

在李安琪的整个创作思路中，有 3 个重要的节点：首先是选择以“冷”为主题，其次是将“冷”的感受转化为“冰山”的视觉意象，最后是以“石膏”为材料，赋予冰山更加具体和细腻的质感、形态与肌理。

李安琪在创作之初，便对冷的内涵有了两个层次的界定：第一个层次是客观的、物理的冷，我们可以自然而然地通过“白色与蓝色”“冬天”“雪与冰”等视觉语言，构建出与物理的冷相关的意象；第二个层次的冷是主观的、具有引申含义的，正如她自己在创作过程中写下的随笔“冷是崔健之后的歌舞升平”“冷是抬头望星星躺下来想睡”，这里的“冷”有更为具体的含义——“寂寞”“孤独”“百无聊赖”。如果只停留在第一层含义，李安琪可以去做透明的冰凌，也可以做洁白的霜花，但这样的对冷的诠释过于表面与宽泛。而用更为敏感而内化的第二层含义去表现冷，冷的感受便被进一步具象化了。这种冷不是冷峻的刀锋，它不伤人；不是冷冽的冰泉，它不流淌。它是无依无靠、茕茕孑立、自顾自地冷。什么会给你这样的感受与联想？茫茫的水域，令人窒息的蓝色，无所来也无所往——一块漂浮的冰山！李安琪的工作台及冰山意象图如图 4-10 所示。

李安琪的工作台前总是贴着关于冰山的意象图。

图 4-10

其实在概念与感受逐步具体、细化的过程中，视觉意象也自然而然地渐渐清晰起来。所以我们每每不知道如何将概念视觉化，其实最根本的原因还是概念不够具体。这里的具体不是指从一开始就要构思具体的形态、细节，而是指我们所要表达的内容缺乏个人的感受与独立的思考。例如有学生想以“网红”餐厅打卡为主题进行课题研究，在他进行了一大堆详尽的调研之后，他所有的表达都是对公共社会现象的客观描述。直到他说出这样一句话“我觉得我们在‘网红’餐厅里吃的不是食物本身，而是网络评价和标签”，我们在其中才能看到他自己的感受。这种感受进而可以被夸张、强化、戏谑地表达，例如切开食物的瞬间，评价与标签从中喷涌而出，由此完成从概念到视觉的转化。从概念到视觉的转化与其说有各种各样的技巧，不如说更重要的是不断挖掘自己真实、敏锐、独特的感受，这一点是作品必须由你而不是其他人创作出来的原因。

落实到材料问题上，是否可以用冰来表现冰山？李安琪很快否定了这一点。因为冰会融化，无法使首饰被持续佩戴与保存。事实上会融化和非佩戴性并不意味着冰就不能用来做首饰。英国首饰艺术家 Naomi Filmer 就曾以冰为饰，她正是通过体温融化首饰的过程来探讨身体对首饰的反作用，如图 4-11 所示。但在李安琪的创作中，融化恰恰消解了她要传达的那种寂寥而持续的“冷”。而佩戴更是李安琪的作品传达概念的重要方式，通过佩戴，“冰山”浮于身体之上，就如露出水面的只是冰山一角，这让人联想到仿佛有更大体积的冰山隐于水下，隐在我们每个人的身体里，这便是我们无法消除的孤单。

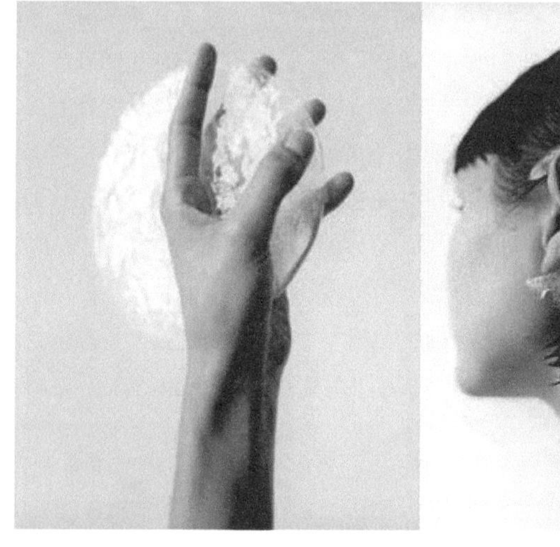
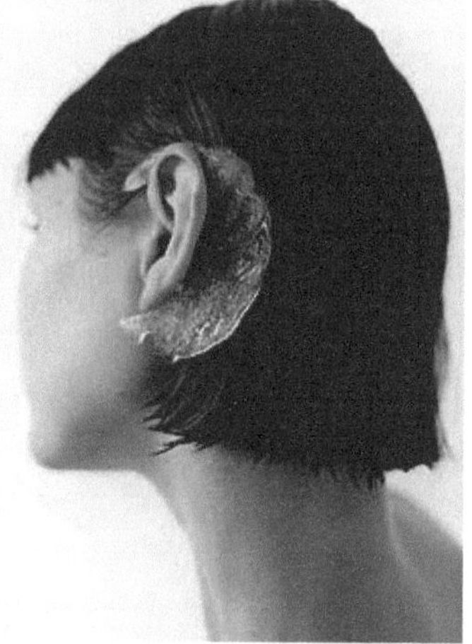

图 4-11

1999年，Naomi Filmer的作品《冰首饰》（*Ice Jewelry*）。

李安琪很快对石膏这种材料进行了试验。她将石膏用水调和，灌注于模具中。石膏具有成型迅速，易于切割，干透后质地轻盈、便于佩戴等特点。但画过石膏体的人一定对它有印象：轻轻一摸就是一手白灰，它的表面分布着不均匀的气孔，其颜色并非是深蓝色海面映衬下的耀眼的白色，而是暗淡发灰的。这些无关的信息干扰了“冷”的表达。什么材料具有与石膏相似的轻盈感并能采用同样的加工方式，但是洁白、致密、光洁的呢？带着这样的问题，通过对各种材料的尝试，李安琪最终找到了牙医石膏，如图 4-12 所示。牙医石膏从光滑的模具中脱模后可以呈现出陶瓷般的质感，经砂纸水打磨后能形成略带哑光但均匀致密的表面。

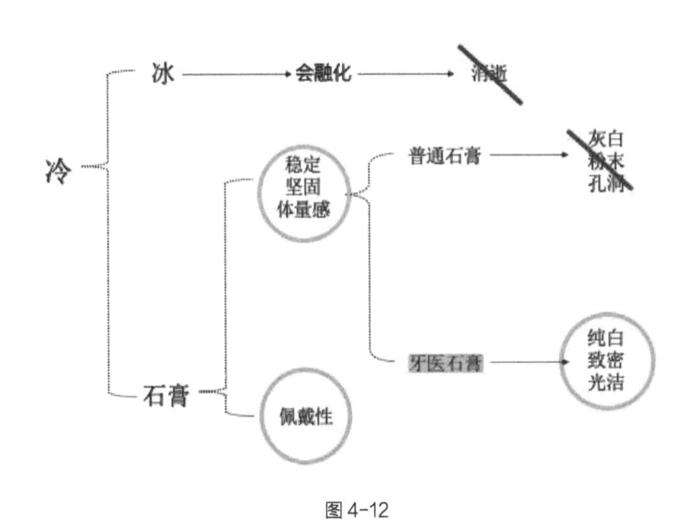

李安琪在选择冰、普通石膏、牙医石膏过程中的思路图解。

图 4-12

在制作过程中，李安琪使用塑料薄片围出一个没有顶面的方盒，将牙医石膏灌注进去，然后脱模出较为方正的体块，再直接从体块中切出理想的形态。这样的方式成了重要的视觉语言，并让李安琪得到了两个意外的结果。一个是大方、洗练的形态。本来只是为了进行快速试验制作的简易模具，却做得比写实的山尖形态更加大气，并且留有想象的余地。如果我们按照时间顺序观察这一系列作品，就不难发现，作品的视觉语言是逐渐形成的。这一系列作品前期的形态更接近于真实的冰山，有精心设计的破碎边缘并呈簇状。越到后期，作品越概括、浑厚，最后抽象为一个狭长的立方体。此时，连 “山”的具体形态都被消解了，只留下一块在没有参照物的画面中，感觉可以被无限放大的“冷”的体块，如图 4-13 所示。另一个从材料试验中获得的结果是，石膏因被切割后生成的锯痕与凿痕，如图 4-14 所示。锯痕是疏落的长线条，而凿痕是密集的短线条，这两种痕迹在制作过程中呈现的偶然效果，被李安琪主动地调用与搭配，从而形成了既自然又充满变化的独特的材料语言。在创作中并不是只有雕一朵花、画一只鸟才是设计，在看似不经意之中，其实每一个细节都有精心的设计与安排。

左图为初期创作阶段的作品，其细节较多，整体形态呈簇状。右图为后期创作阶段的作品，其形态更为概括。

图 4-13

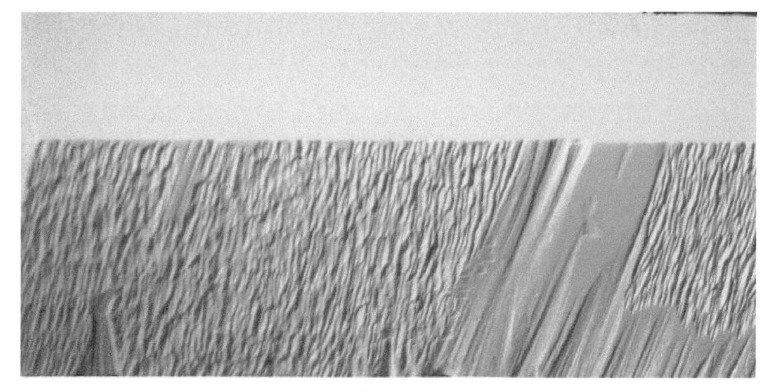

锯子和吊机钻头产生的肌理效果。

图 4-14

李安琪的作品中另一个具有代表性的视觉语言，则是材料的客观属性与创作者的艺术感受力相互博弈后的结果。由于牙医石膏比普通石膏重，这多少会影响佩戴的效果，所以，局部掏空看似是出于功能需求的妥协之举，但李安琪敏锐地捕捉到了“洞”的意象在整个作品中的作用，它似乎与“冷”的孤寂感并不矛盾，而增添了一种“空落落”的感觉。因此，作品中有如年轮般一圈圈凹下去的“深渊”，也有非常缓和而微妙的塌陷，如图 4-15 所示。在“冰山”的主体部分完成之后，李安琪选择用银与不锈钢进行结构制作，在呼应形态的同时，尽量提炼简化，精准而不喧宾夺主，如图 4-16 所示。

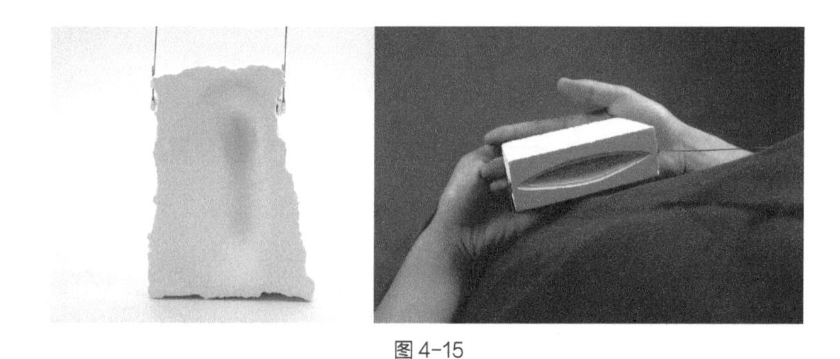

作品中“空洞”的意象表达。

图 4-15

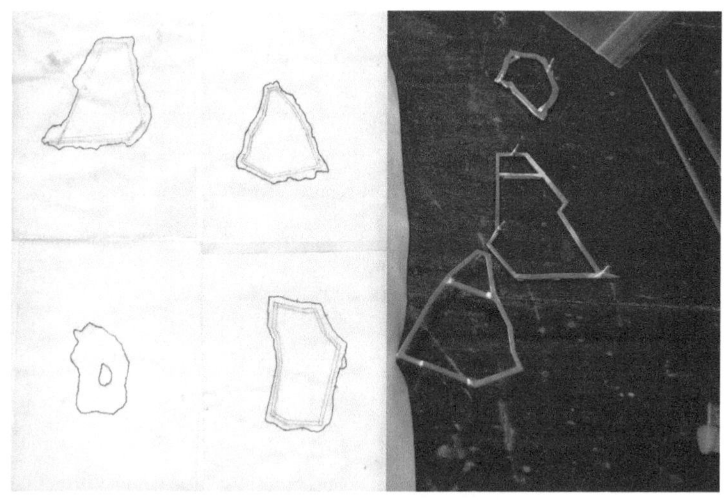

《冷境》的金属结构设计图与制作过程图。

图 4-16

最终，李安琪选择了用拉丝不锈钢制作展台，如图 4-17 所示。纤细挺拔的桌腿托着同样狭长的桌面，桌面映衬出首饰的模糊的倒影，更显得它们如同悬置在未知海域上的一块块浮冰。冷色的灯光不加修饰地打在作品之上，没有一丝暖昧的温度。作品、展台、灯光，李安琪调动着所有材料，营造出了一个“冷境”。

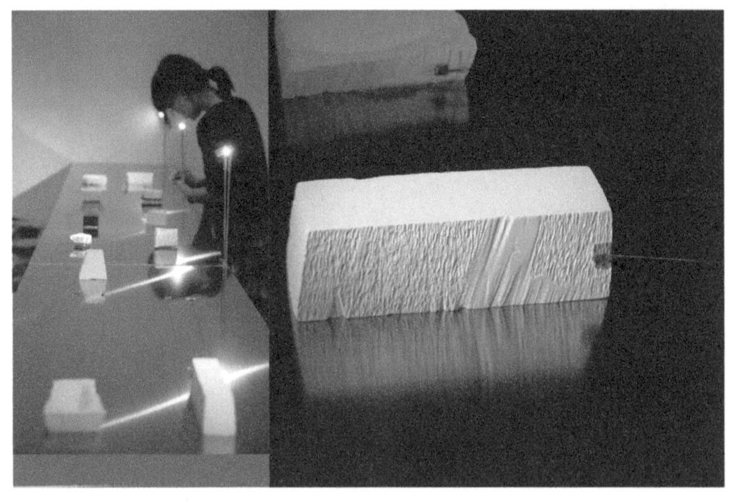

作品被放置在由拉丝不锈钢制成的展台上，桌面映射出的倒影，使每个作品仿佛就是一块浮冰。

图 4-17

我至今还能回想起那个永远穿着灰色大衣，在工作室里默默磨着石膏的背影。在北京早春的冷天里，和着水的石膏就像是一块永远化不掉的冰。这个作品与她彼时的状态是那么贴切。她就那么执拗且认真地要把自己的“冷”做出来，不渴望被温暖、被融化，兀自冷着也快乐着。

◆《蚊子包》——材料与情感的层层递进

陈熙自述：“我将蚊子包作为人身体的潜在首饰，在进行形态分析的时候，我发现每个人身上的蚊子包的形状都各有不同，有细微差别。之后我进行了更加深入的调研，发现当肤质发生改变的时候，蚊子包的形状也会发生改变，这是我比较感兴趣，也是我的作品的一个切入点，我希望在各种自然材料上去试验不同的蚊子包带来的感受，最后我选定了蚕丝和珍珠这两种我觉得与蚊子包的气质相契合的材料。在首饰的形态塑造方面，我亦是根据蚊子包的生长状态进行设计的。”其《蚊子包》系列作品如图 4-18 所示。

2018年，陈熙创作的《蚊子包》系列中的一件胸针作品。

图 4-18

一开始看到这个主题，着实让人摸不着头脑，“蚊子包”这么无关紧要的内容，需要大费周章地用首饰的方式去表达么？ 其实这也说明了虽然创作的出发点与选题很重要，但也没有那么重要，更重要的是创作者的主观意愿。在完成毕业设计的过程中，陈熙得到了一个建议：“当下什么最困扰你，你就去做什么。”提出建议的老师大概是指如果觉得自己对形态处理最没把握，或者对综合材料的运用能力最为薄弱，那么就借此机会去和这个弱项死磕。谁知这个古灵精怪的姑娘的回应竟是蚊子包——“蚊子包非常困扰我，我特别招蚊子咬，而且容易留疤，每到夏天浑身都是蚊子包，好不容易等到来年春天蚊子包渐渐消下去了，夏天又被咬起包了。”不得不承认这还真是一个让人苦恼的问题。但在这种随心所欲之余，陈熙试图为自己的创作动机建立支撑逻辑。正如她的自述一样，在不停地被蚊子咬并观察了许多蚊子包之后，她发觉这种身体被蚊子叮咬后产生的反应是充满微妙变化的。蚊子包是否也可以被看作某种身体装饰？在这种思考下，她甚至构思过要饲养蚊子，并试图采用某种方式使它们可以按照设计的轨迹在身体上叮咬出特定的图案。但她最终选择了另一种思路，即基于物质化的实体，用形态、材料、肌理等视觉媒介去传达蚊子包给人的感受。这两种思路没有所谓的孰优孰劣，或者说两者皆可能被做得很好，也可能被做得兴味索然。而后者的挑战主要集中在从主观感受到物质媒介的转化上。

那么蚊子包给人的感受是怎样的呢，或者说陈熙想要传递的蚊子包的感受是怎样的呢？最初她归纳的关键词是“粉粉的，鼓鼓的，以及可爱的”。粉与鼓皆为蚊子包的客观形态，但“可爱”则是一个很有主观色彩的词，也奠定了作品的整个基调——对于让她困扰的蚊子包，她最终的态度是接受与和解，它们与自己朝夕相处，也不再让人觉得可怖。她所指的“可爱”并非带有甜美与稚感，而是让人愿意端详、观察与亲近。

因此，一开始试验的材料都是非人工材料，这些材料让人天然有亲近感，例如木头、骨头、玉石、珍珠等，陈熙还在这些材料上做出鼓包的感觉，如图 4-19 所示。回过头来看这些试验，不禁觉得有些笨拙。试验的过程极其困难，陈熙费了九牛二虎之力尚雕不出来一个有意思的形态。但天然材料与鼓包的意象这两点，在还没有雏形的时候就被她敏锐地捕捉到了，并一直贯穿于作品之中。直到在试验珍珠的时候，陈熙将小珍珠叠加于大珍珠之上，有意思的感觉才逐渐浮现，如图 4-20 所示。大珠上米粒似的小珠，窸窸窣窣、麻麻点点，让人想上手去“抠”，和“痒”有着似有似无的通感。有效的材料试验就是要创作者保持着敏锐的感知力，在一堆似有似无的感觉中，抓住指尖偶然冒出的“有”，并让“有”变得更加极致、强烈。

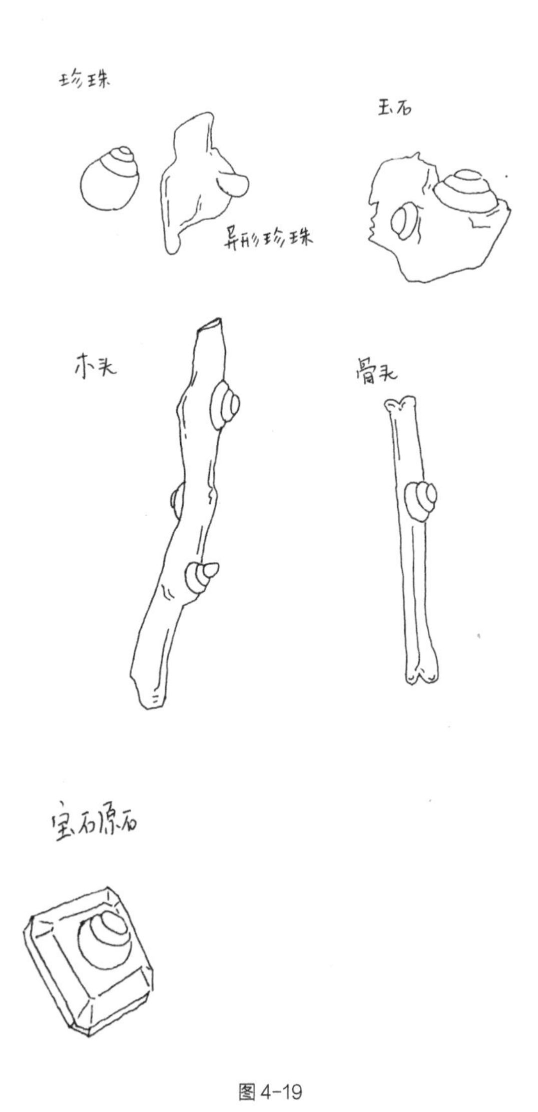

初期阶段的材料试验示意图，由陈熙本人绘制。

图 4-19

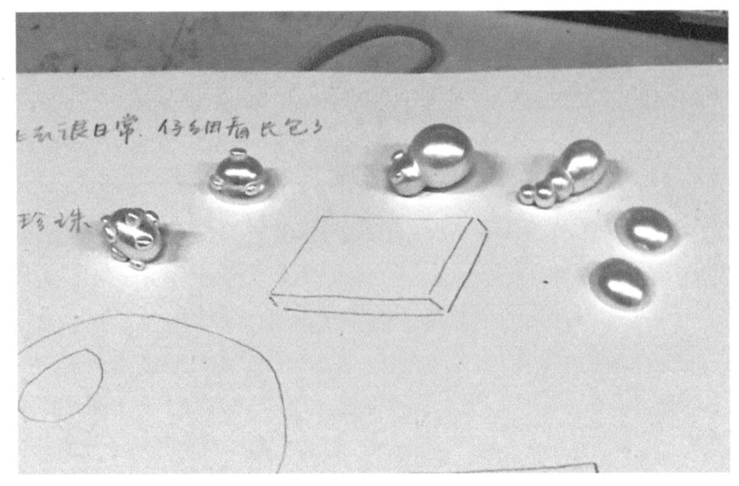

图 4-20

陈熙无意中在大珍珠上贴了小珍珠，使它们有了麻麻点点、痒的感觉。

《蚊子包》系列的第一个作品便是以堆叠的珍珠为主体，陈熙跳脱地做了一个“皇冠”和一个无厘头的“笑脸”，如图 4-21 所示。显然，对于珍珠之外的部分，她还没有清晰的想法，此时的金属部件与整体的表达是有些脱节的。

图 4-21

第一阶段的作品，左图为“皇冠”，右图为“笑脸”。

但她的试验没有停止，直到出现了第二个较为明确的意象——由蚕丝做成的鼓包。她将蚕茧浸湿撑开，附着于形体之上，待其干燥便可定型，如图 4-22 所示。她所采用的加工方式并非独创，但在这个系列作品中特别契合她所要表达的内容。之前的试验中，在木头、石块上雕出鼓包，是在做减法，将材料刻下去，使包突出来。而由蚕丝做成的鼓包是真的“鼓了出来”，它的轻薄、放松的膨胀感被拿捏得十分到位。

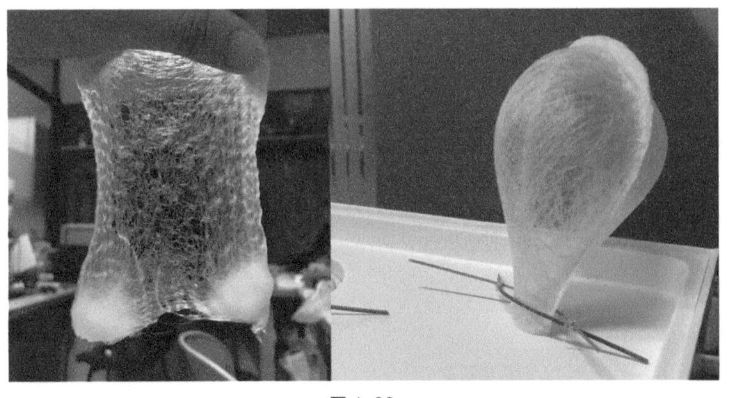

图 4-22

陈熙对蚕丝进行的试验，并最终得到“鼓包”效果。

由此我们可以看到，毫无实践经验之前的“鼓鼓的、可爱的”是较为抽象、空泛的意象，在试验中这种意象逐渐具体为“麻麻点点”“鼓出来”“轻薄”“痒”等更加丰富、具体、细腻的感受。这个时候陈熙想再进一步主动增加一些内容：一个是蚊子的形态，另一个是她在受访时一直强调的一个拟声词“Piu”，那种感觉是蚊子包像气球一样鼓起来并从身体上被发射出去一般。陈熙在创作过程中的思路的3次递进如图4-23所示。对于蚊子的形态，她提取了细长的蚊子腿的要素，并借鉴了张力平衡装置的结构与形态特点，将钢丝、张力、弹力加入作品之中，如图4-24所示。至于“发射”的感觉，她则找到了鲜明而直接的意向——火箭发射塔，如图4-25所示。因为一直遵循使用天然材料的逻辑，所以陈熙以竹篾为材料，同时保持它拥有与蚕丝一样轻盈、自然的美感。对比最初的作品，黑色金属结构组合成不明所以的几何形状，而现在无论是钢丝还是竹篾都有了自己恰当的语言和位置。一粒粒小鼓包在紧绷纤细的钢丝上好像蓄足了要弹跳开来的劲，而鼓起来的大白包则在节节攀升的塔尖上蓄势待发，如图4-26所示。

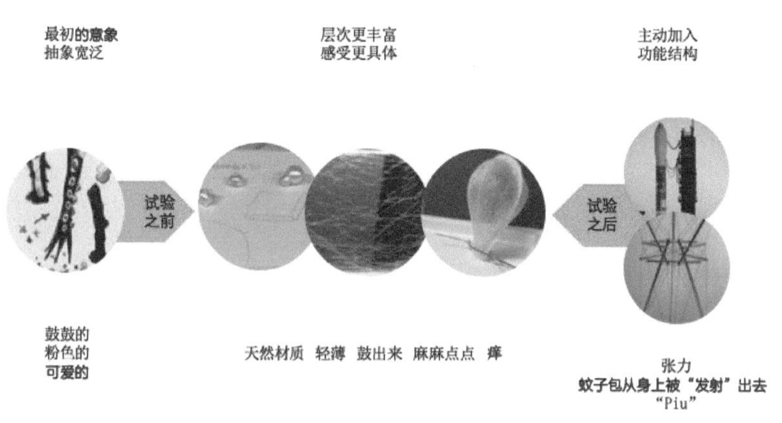

图4-23

创作过程中陈熙在材料试验前后思路的变化。

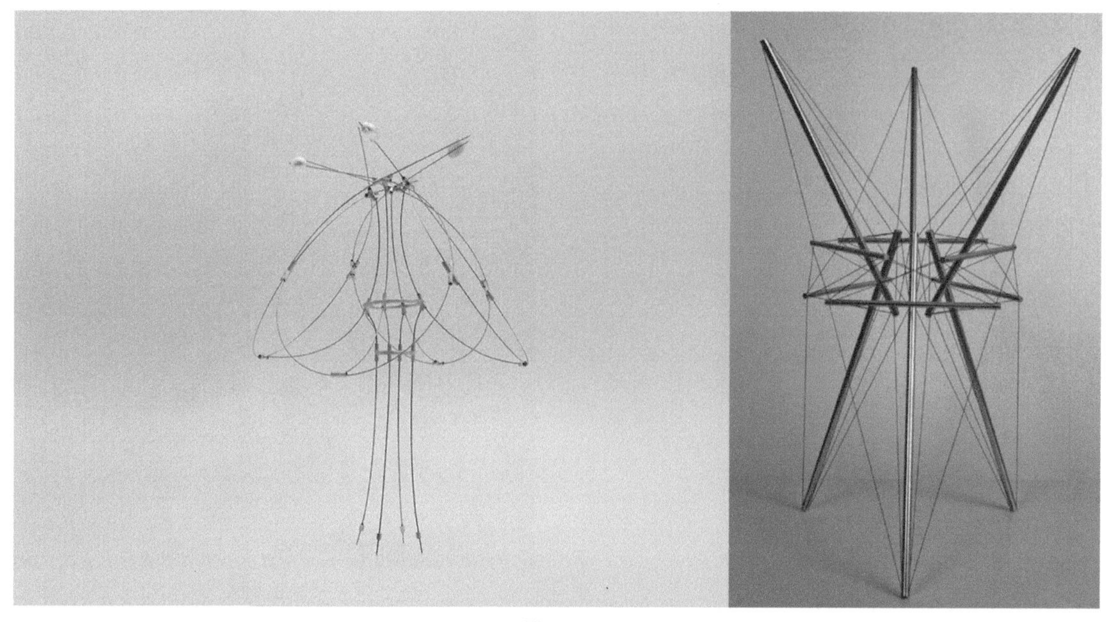

图4-24

陈熙提炼出的蚊子腿的视觉意向与参考图。

图 4-25

发射的视觉意象与参考图。

图 4-26

小鼓包在钢丝上好像蓄足了要弹跳开来的劲，而大白包则在节节攀升的塔尖上蓄势待发。

在这一系列中有一件作品我尤为喜欢，几片凹凸不平的白色半弧错落地搭在竹篾上，维持着微妙的平衡，如图 4-27 所示。这件作品与其他几件作品的形态都不太一样，好像有点脱离整个系列。这件作品是陈熙在展览前的最后时分完成的。在 4 点就已大亮的清晨，她盯着桌上剩下的无处可用的零件，随手将它们搭在竹篾上，竹篾自然下落、微微弯曲，然后就制成了这件作品。说不上来它哪里好，但感觉就是对的。这应该是长期沉浸在创作状态中而获得的一种美妙感觉吧，当所有的概念、逻辑、感受、形态、材料在脑海中冲撞了千万回之后，它们就变成指尖下意识的动作。这些是任何人都无法教给我们的。

图 4-27

整个系列的最后一件作品，在临近展览的清晨，陈熙完成了它。

◆ 物理属性与象征属性的编织——《我不煮面，我做首饰》

王茜自述："面条是中国家庭的主食之一，意大利面是欧洲人的主食之一。'我不爱做饭，但是它确实是一项被定义的传统女性行为'，艺术家以意大利面为材料，采用烹煮、编织的方式将其转化成结构坚固、不易破碎、色彩明亮且优雅精致的胸针和项链，否认了它们的可食用性，试图重新定义'煮饭行为'。"其作品如图 4-28 所示。

图 4-28

王茜于2018—2019年创作的作品《我不煮面，我做首饰》。

在一次当代首饰艺术展览现场，我发现在进行展览导览时，讲解者都喜欢以王茜的这组作品为例，用"你猜猜这组作品是用什么做的？"作为与观众的破冰互动，并以此开始展现艺术首饰不拘于传统材料的基本特点。的确，这组看上去色彩鲜艳、光泽晶莹、编织精巧的作品，是用一种观众极其熟悉，然而对于首饰制作来说又非常特殊的材料——意大利面制成的。利用观众的猎奇心理，让他们对材料产生兴趣，这固然是拉近艺术首饰与观众距离的有效办法，但如果我们仅仅将这组作品理解成"用吃的做首饰"，那就完全误解了王茜的良苦用心。王茜选择这种材料绝不是为了博人眼球，而是因为概念推导和材料的物理属性这两条线索相遇的交点恰好是意大利面。

这样的相遇是因为烹饪作为一种常见的家务劳动往往和女性的家庭角色联系在一起，"女性身份"正是王茜一直关注的核心议题。正如王茜在自述中提到的"我不爱做饭，但是它确实是一项被定义的传统女性行为"，女性的"传统身份"和"自主选择"这一对看似宏大的议题，被统一在了"做饭"这个和她自身体会密切相关的具体事件上。在意大利驻留期间，琳琅满目的意大利面进入王茜的视野。虽然这并不是她第一次接触这种食材，但在以意大利面为主食的饮食文化里，它不再偶尔用作烹饪西餐，几乎成为日常烹饪的核心。意大利面浸水后柔软可塑形，干燥后可定形的物理属性给予了王茜自由造型的空间。她的基本思路可以简单粗暴地概括为从对女性身份的思考具体化为烹饪这件事，又从烹饪落实到意大利面这种材料。这两次思维的跳跃背后是王茜大量的文献阅读与思考，还加上了天时地利的因素。但找到意大利面这种材料并非就万事大吉了，一切才刚刚开始。

我们能看到王茜进行了各种各样的试验，例如用大麦粉制作意大利面，了解其制作工艺，寻找材料处理上的突破点；在硬的意大利通心粉上钻孔，将软的意大利面穿过去，尝试各种意大利面之间的组合，感受意大利面的不同性能（硬度、韧性）；对意大利面进行染色、塑形和编织，如图 4-29 和图 4-30 所示。而编织这一处理手法成了接下来的试验核心，一方面意大利面干燥后硬度适中但韧性不足，单根或者薄片稍不留神就会被折断，但经过编织后的意大利面的形态更加牢固坚硬；另一方面编织同样也是一种具有女性身份象征的活动。在古希腊，从事纺织与布料裁剪的女性在雅典的节日盛典中有专门的节目，并且可以参加游行。纺织与编织是最早由女性专门承担并且获得公共领域认可的劳动，并且这两种劳动能为女性赢得社会尊重。意大利面的物理属性（塑形能力）与象征属性（烹饪与女性身份）的契合更进一步成了“编织意大利面”的物理属性（更牢固的形态）与象征属性（编织与女性身份）的再次交叠，并通过这样的交叠加强了概念的传达。

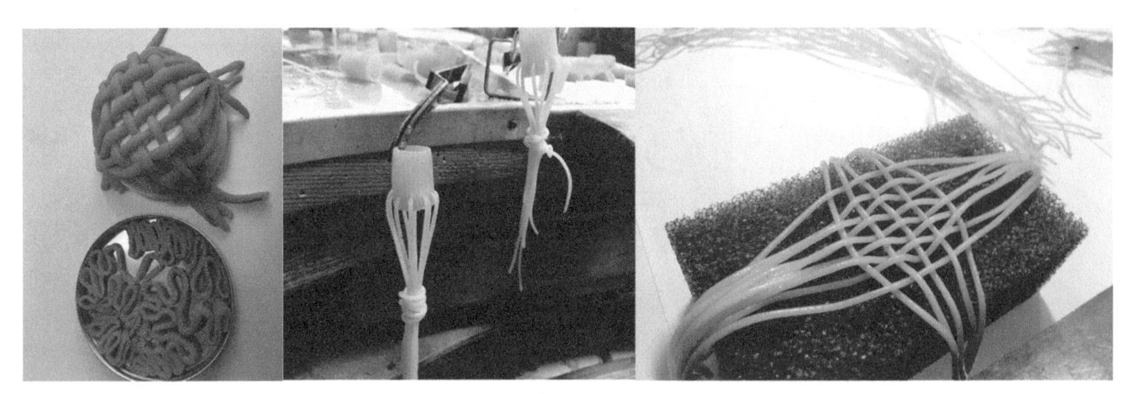

图 4-29

左图为通过模具对意大利面塑形。中图为将意大利通心粉打孔，让意大利面穿过孔洞自然垂坠并将它打结。右图为编织试验。

图 4-30

意大利面染色试验。

王茜从编织意大利面再次出发，尝试了使用不同种类的意大利面与各种编织方式。她碰到最棘手的一个问题是收边，如图 4-31 所示。编织致密的体块可以改善易碎的问题，但松散的边缘仍然十分脆弱。起初她尝试用金属将边缘收住，未编织的意大利面“线头”被收束在飞碟形的银质空腔内，虽然也很松散但不会掉出来，如图 4-32 所示。这大概也是有金匠背景的艺术家在遇到这样的问题时首先会想到的办法——用自己驾轻就熟的材料与工艺。但王茜并不满足于仅仅解决功能问题，金属部分像一件坚硬铠甲，意大利面编织的部分则成了束在其中的、被保护的对象。意大利面相较于金属是脆弱的，但仍然是有力量的，而坚硬的金属削弱了这种力量的展现。

图 4-31

王茜用不同种类的意大利面进行的编织试验。收尾处松散的意大利面较为脆弱，容易被折断。

图 4-32

整个系列的第一个作品，飞碟形的银质空腔在作品中占了很大比重。

直到王茜尝试了编花篮的方式，这一问题才得到了改善。她将意大利面编织成立体的巢形，结构的稳定度进一步得到提高，巢形边缘单根的意大利面直接被剪断，只留很短的一截，既没有用其他材料去刻意收边，又没有破坏巢的整体形态，同时也不容易被折断，如图 4-33 所示。在这一作品中，更重要的是巢作为“筑巢”“家”“卵巢”的意象，它所象征的“包容”“呵护”“孕育”再一次影射到女性身份的主题上，如图 4-34 所示。随后，王茜选择了以橘红色为主基调，并以透明树脂封层，如图 4-35 所示。虽然对意大利面进行了染色，但她希望颜色看上去是自然生长的、由内而外的，而不要过重的人工痕迹。通过树脂封层，染色与意大利面的原色能够均匀过渡，这既加强了材料硬度，又增加了晶莹的光泽。在功能结构的处理上，她将金属与意大利面的衔接处做成了花蕊，如图 4-36 所示。几何化的花蕊简洁抽象，低调地位于巢的深处。

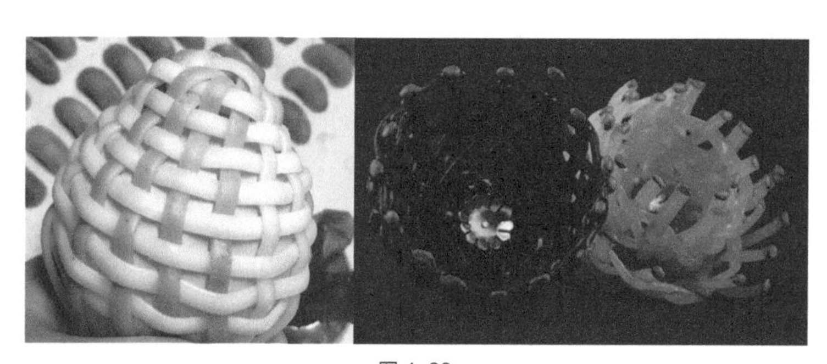

图 4-33

王茜在模具上编织巢的形态。右图为对收边的处理细节。长短不一的线条错落有致，并用红色颜料进行收尾，既是色彩上的点缀，也能防止意大利面的断面割手。

图 4-34

在一些作品中，左右对称的巢形造型明显受到卵巢形态的影响。

图 4-35

染色试验，王茜对编织成形后的意大利面进行染色处理。

图 4-36

几何化的花蕊简洁抽象。

到这里，材料——意大利面，技术——编织，形态——巢，颜色——橘红，结构——花蕊，创作的所有元素都初步成形。其中王茜的每一次选择都使她在解决客观的物理问题的同时，从另一个角度去充盈女性身份的质感，如图 4-37 所示。她的作品是纤细的、精致的、轻盈的、剔透的，但同时也是稳固的堡垒、绽放的花朵、温暖的巢穴。这些作品中的每一个细节都无不被缜密地思考过、选择过，但它们不是将一个个元素机械地相加的结果，而是以物理属性为经线，以象征属性为纬线，相互交叠、相互借力、相互遮掩后的综合呈现。最后每一根线条都被隐去了，编织出了王茜对女性姿态的赞美和重塑女性精神的愿望。

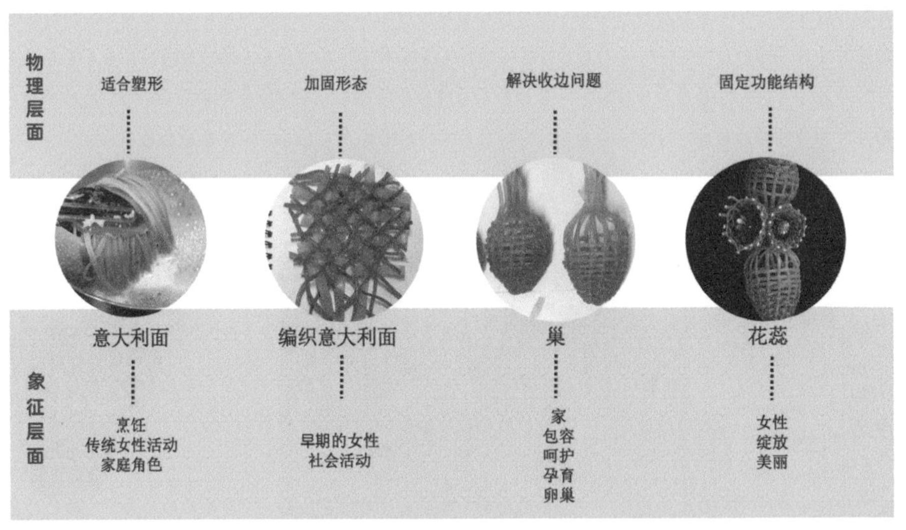

图 4-37

每一次选择，王茜都兼顾了物理属性与象征属性两个层面，并且不断回溯女性身份这一主题。

谁能想到在熙熙攘攘的意大利超市里，在想着“今天吃啥？”的人群中，一个中国姑娘突然得到了关于女性身份创作的灵感。在和王茜交流的过程时，我问她为什么不选择米饭这样更具有本土象征意义的材料。她说因为她从小生长在北方，所以面食对她来说更亲切，即使在国外，面食也比米饭让她更加适应。也许从小时候的每一碗面，从观察家中的女性长辈和面、做面、煮面开始，就已经为她埋下了灵感的种子。

第5章

像发明家一样思考——以功能结构为主导的创作策略

CHAPTER 05

什么是以功能结构为主导的创作策略

什么是首饰的功能结构，简单来说戒指的戒圈和镶嵌宝石的爪都是一种结构，它们能满足佩戴的需求，具有固定宝石的功能。但和建筑设计或者交通工具相比，首饰所具有的实际功能实在太微弱了，以至于很多情况下，功能结构成了创作者们在完成具有装饰性的形态之后顺带处理的部分。刺马钉、蛇骨链、龙虾扣，这些结构好像理所当然就长成这样，已经形成了固定的标准形态。它们或被藏于作品背后，或尽可能不喧宾夺主。但是以功能结构为主导的创作策略便是将创作的重点放在这些人们习以为常的结构上，使它们成为作品中的亮点。另一种情况则是利用某些首饰中不太常见的结构，使得首饰获得新的功能。也许这并不是要解决一个实际问题，而是希望通过首饰的功能结构创造出首饰形态的变化（例如开合、运动、平衡），以表达创作者的设计意图。

以功能结构为主导的作品，往往具有较强的互动性，因为观众在面对一个陌生的结构时往往会去尝试和摸索，在互动的过程中就增加了首饰的趣味性。这使得首饰不再是一个静止的、被观看的状态，而变得可被参与、可被把玩。随着近年来可穿戴智能设备技术的发展和商业化的普及，首饰的功能性得到前所未有的增强，承载这些功能的不再是物理的机械结构，而是芯片、程序、传感器等。但是在以功能为主导的设备中，首饰和首饰创作者所扮演的角色越来越边缘化，这同样是我们亟待思考的问题。

以模型试验作为研究结构的手段

功能结构往往被隐藏在表面形态之下，例如形形色色的夹子的工作原理是杠杆原理与弹簧形变产生弹力。我们可通过模型试验抽离和概括出最基本的结构原型，再通过模型试验对结构原型进行形态、结构、材料上的转变，从而实现将结构内化为首饰的有机部分，如图 5-1 所示。试验过程中的模型不必精美，但准确和细致可以提高模型的有效性。虽然软件可以辅助建模，但是要验证功能结构是否能在现实中运作，还得依靠物理模型进行检验。随着 3D 打印技术的逐渐成熟，以打印出的模型进行推敲也是非常高效的办法。

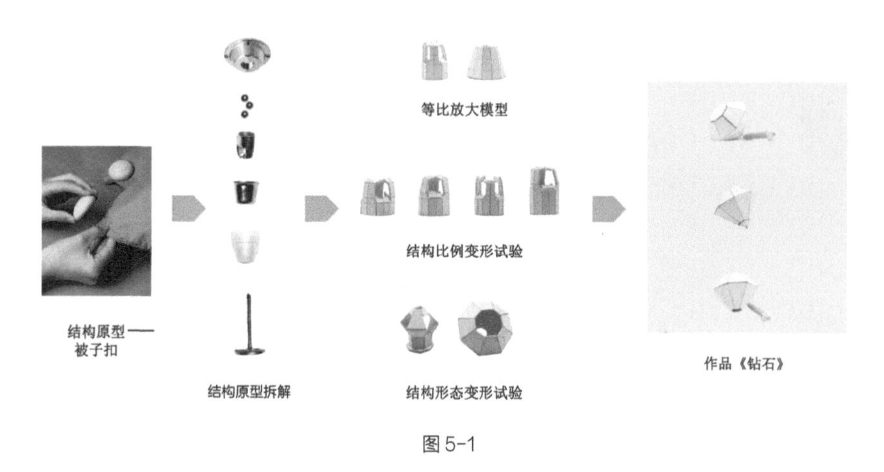

图 5-1

彭冰洁在《钻石》的制作过程中进行的模型试验。

在这个过程中，创作者需要具备分析和提炼结构原型的能力，理性、严谨的结构设计能力，精细、准确的模型制作能力。如果创作者具备机械、工程方面的跨学科知识，可以为创作带来强大的技术支持。能攻克功能结构难题的创作者，是首饰创作者中的发明家，在相对感性的首饰创作领域是比较少的。

以功能结构为主导的创作策略的两种基本思路

以功能结构为主导的创作策略的第一种思路是对现有首饰结构做出创新。但很多时候所谓的首饰结构创新，其实只有形态上的变化，例如爪镶的形态多样，但其结构的工作原理基本相同，如图 5-2 所示。虽然采取这样的方式也能够获得具有创意的作品，但是从结构原理上进行创新，则更加接近本质，会带来令人耳目一新的效果。例如张力镶嵌创造出来的悬浮感是爪镶无论怎样变换形态都无法表现出来的，如图 5-3 所示。同时，结构创新不能削弱原有结构的实际功能，例如进行某种创新的项链接扣非常美观但不牢固，那么这种创新就是创作者的多此一举。

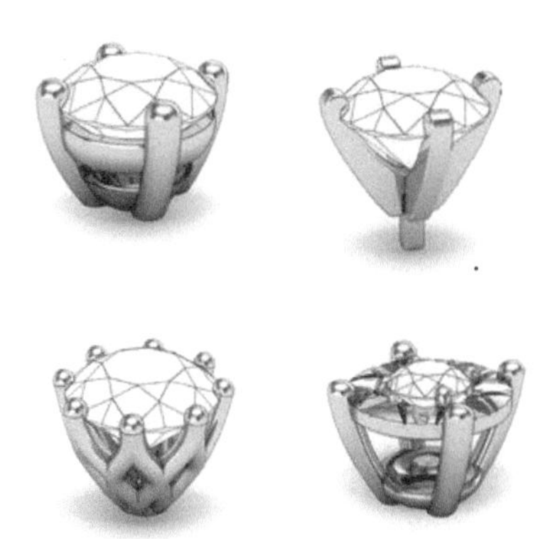

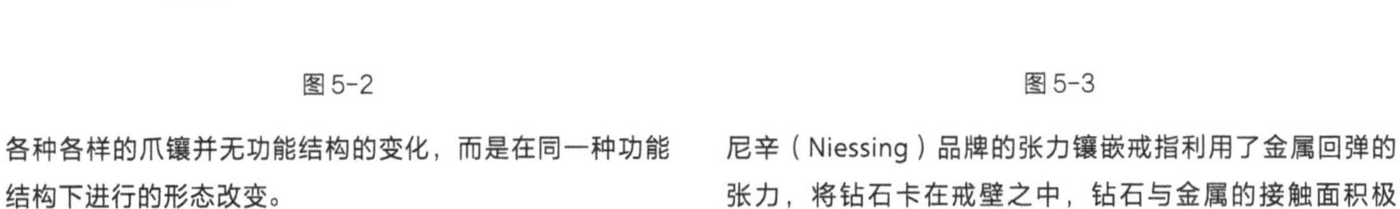

图 5-2

各种各样的爪镶并无功能结构的变化，而是在同一种功能结构下进行的形态改变。

图 5-3

尼辛（Niessing）品牌的张力镶嵌戒指利用了金属回弹的张力，将钻石卡在戒壁之中，钻石与金属的接触面积极小，从而产生悬空效果。

发明创造出全新的结构并不容易，因此，另一种思路是对其他领域已有的结构原型进行挪用和借鉴。但如果创作者只是将一个结构缩小并为其加上背针，或者简单地进行材料置换，那么这个结构就只能作为装饰和形态出现，而失去了结构的功能意义，如图 5-4 所示。创造性地模仿已有结构，需要创作者将结构内化为首饰的一部分，并使结构与佩戴性、装饰性和观念性自然而然地融合在一起，可以在实现结构功能性的同时，表达创作者的意图，引导观众自发地进行预设的操作，并与之互动，而不需要再额外附上一本操作说明，如图 5-5 所示。

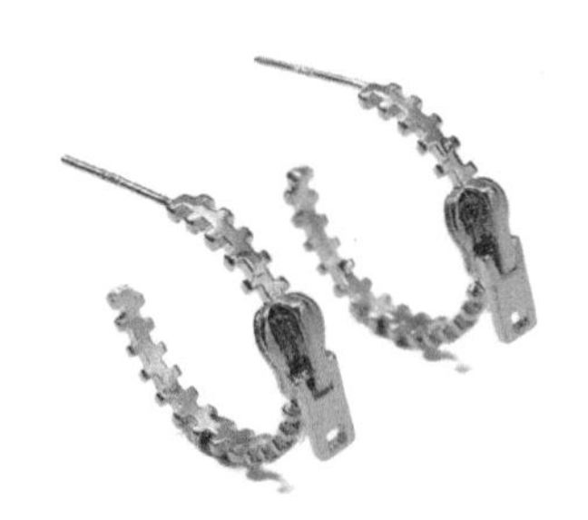

这两件首饰都是以拉链为元素制成的，但并未使用拉链的功能结构，只使用其形态，因此采用的是以形态为主导的创作策略。

图 5-4

图 5-5

时尚品牌破格（Toggler）经常使用转轴、滑轨、合页等结构实现各种功能，例如随着佩戴珍珠的滑动与钻石的晃动，戒指与手镯的功能转换，消费者会获得有趣的佩戴体验。

◆ 首饰结构的创新

创作者对首饰现有结构的创新不是无凭无据的，而需要针对具体的问题，提供一个常规解决办法之外的新思路，进行新尝试。因此，创作者要以反思的视角去看待人们习以为常的结构，例如它为什么必须是这个样子？是否可以让它变得更实用、更简洁、更有趣，或者更加适合批量化生产？在首饰结构创新中，发现和提出这些问题是至关重要的，其次才是回应和解决这些问题。

图 5-6

Friedrich Becker的《两种戴法的戒指》，创作于1956年。

下面这个例子中存在的问题可能许多首饰创作者都面临过，即一颗椭圆形的素面宝石应该横着镶嵌还是竖着镶嵌？首饰创作者通常的做法是竖着镶嵌，因为这样更符合手指竖向的形态，可以修饰手形。但 Friedrich Becker 没有进行二选一，而是非常具有创意性地“两者都要”——他创作的戒指的椭圆宝石戒面既可以是横向的，也可以是竖向的。为了实现这个功能，需要设计怎样的结构呢？最直接的想法是利用一个旋转的结构使宝石转动，并让宝石处在水平和垂直状态时能被固定，从而实现宝石既可横向展示又可竖向展示的目的。但用这样复杂的结构来解决问题实在过于笨拙。Friedrich Becker 的《两种戴法的戒指》（*Ring in two ways*）则通过简洁的结构轻松地实现了这一功能，该戒指的戒面是固定的，但佩戴方式有两种，如图 5-6 所示。当然这个结构面对的问题并非必须解决的实际问题，但 Friedrich Becker 的做法体现了一个创作者对于专业内习以为常的问题的反思，并对这个问题给出了出人意料的回答。

在第二个例子中，创作者面对的问题是要为丹麦首饰品牌卓璧思（Trollbeads）开发全新的魅力手链（Charm bracelet）系列。魅力手链最大的魅力就是通过配件的收集和组合吸引消费者多次消费。目前市场上常见的同类手链的形式有串珠式，如潘多拉（Pandora）；垂挂式，如伦敦链接（Links of London）；插片式，如诺米勒森（Nomination），如图 5-7 所示。卓璧思原有的产品线是和潘多拉一样的串珠，那么这个新的产品线仍要在原有的串珠系统中开发各种各样美丽的珠子吗？丹麦首饰设计师、艺术家 Kim Buck 给出了否定的回答。他从功能结构出发，在保留“自由组合”和“不断扩展”的功能需求的同时，创造出了一种新颖的串珠系统。他通过十字形卡槽的设计，去除了用来串珠的素圈，珠子本身成了链子，装饰本身也具备了功能，如图 5-8 所示。这个结构巧妙而简洁，组合或替换串珠都十分方便，也便于进行批量化生产。由此可见，从功能结构上进行创新获得的改变是更加彻底的，能够为商业配饰带来新的卖点。

图 5-7

从左至右分别为潘多拉手链、伦敦链接手链和诺米勒森手链。

卓璧思的“X系列”手链，黑色塑料环可以由消费者任意替换。

图 5-8

从首饰固有的功能结构入手，同样能产生具有思辨性的作品，例如贺晶的《胸针》。当然这个作品的创作策略也可以说是以反思为主导的，贺晶反思了如何从功能出发对通常以审美为基础的首饰进行创作，并选择了胸针里的“针”的结构单元来进行实践，如图 5-9 所示。她的作品中的针不再是隐藏在首饰主体背后用来连接首饰与服饰的小结构，不是独立在首饰之外的功能，而成为整个作品的支撑，当这根针被抽离时，整个作品便会松散掉、不复存在。贺晶所有的设计都从这根针展开，针既需要来自现成品、富有弹性和支撑力，在将不同部件组合在一起时又可以轻易地抽离出来。在处理这些具体的功能问题时，首饰的形态就自然而然地产生了，但贺晶尽量避免了基于审美或者基于意义的决定。

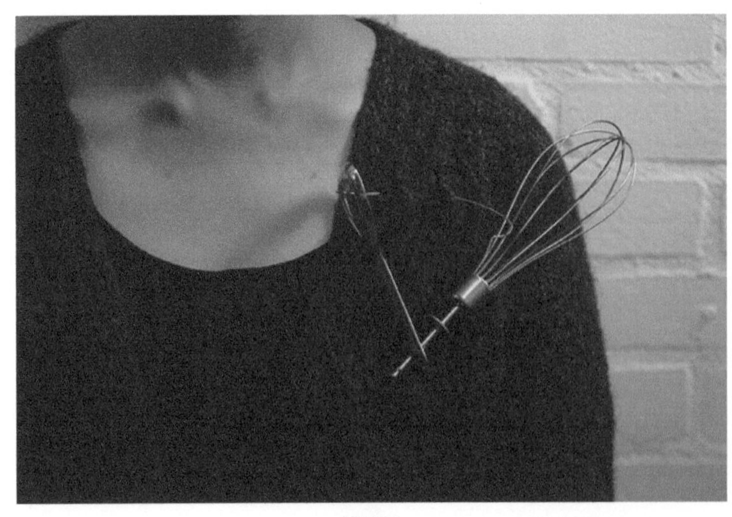

贺晶于2014年创作的《胸针》系列中的一个作品，该作品由开瓶器和打蛋器制成。

图 5-9

◆ 对其他结构的借鉴

另一种思路是借鉴其他已有的功能结构，其有两种主要类型。一种是叙事性的，创作者可利用结构实现功能，进行叙事表达。例如泰国设计师、艺术家 Tithi Kutchamuch 的作品《动物农场》（*Animal Farm*），他采取了摇动手柄带动齿轮转动的方式，让木偶一样的动物们活动了起来，如图 5-10 所示。在这种创作过程中，往往是先有要表达的内容，再思考用什么样的结构去实现。另一种是非叙事性的，即结构本身就是要表达的内容。例如韩国首饰艺术家 Dukno Yoon 的作品《悬浮的翅膀》，其创作意图是让功能结构和人体运动自然地融合在一起。在该作品中，手指关节的活动能带动杠杆的运动，扇动的羽毛翅膀则赋予了机械运动象征含义与具象形态，如图 5-11 所示。他的创作动机并非是要做一对翅膀，而是在研究手指关节的运动和结构之间的关系时，思考它适合表现什么样的内容。而弗里德里希·贝克尔则连具象的外衣都完全抛弃了，例如他的作品《可变的首饰》（*Variable Jewelry*），如图 5-12 所示。他利用最简单的铆钉结构连接了 9 枚圆形金片，使它们围绕轴心展开。圆片边缘点缀的红宝石既为旋转时的手柄，又作为点元素，强调了阵列、散点、十字等形式语言。首饰形态的变化、运动过程中和身体产生的互动都可以独立作为创作表达的内容，而无须创作者再赋予它们意义。

图 5-10

《动物农场》，转动下面的手柄可以带动上面的动物运动。

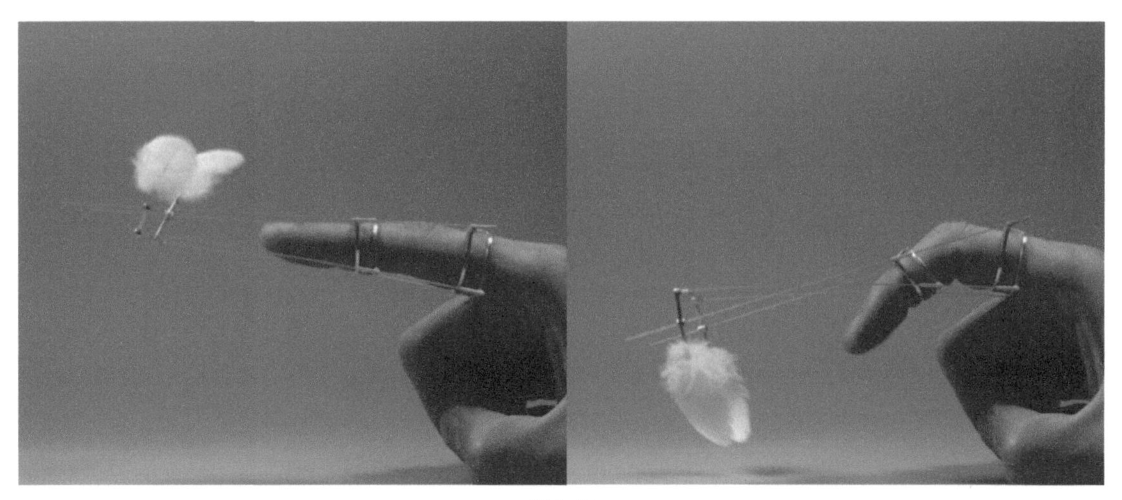

图 5-11

《悬浮的翅膀》，翅膀随着手指关节的运动而挥舞。

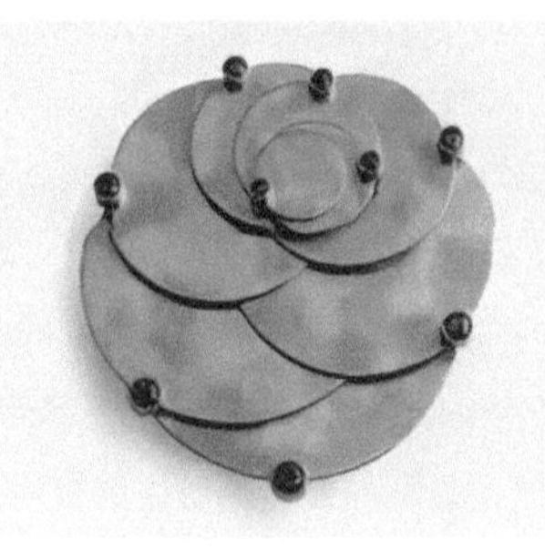

图 5-12

弗里德里希·贝克尔于1962年创作的作品《可变的首饰》。

以功能结构为主导的艺术首饰作品案例

与雕塑和绘画不同，人们对于首饰的欣赏和使用习惯往往是要上手或上身体验的。当人们发现自己的参与能够引发作品的变化时，便会随着其动态变化做出行为上的反馈，互动便在此过程中自然发生。在接下来的3个案例中，功能结构都让首饰获得了可变性，无论是具体的关节运动，抽象的开合状态，还是在动态中营造情境， 由功能结构主导的首饰的变化都是创作者所要传达的核心内容所在。如果这些作品缺少了功能结构，其包含的概念就会缺失或者根本无法传达，因此，功能结构在这类创作中起主导作用。让我们聚焦这些作品中的功能结构，观察表达内容何以通过功能结构的设计传递出来。

◆《关节》——结构、机械与身体

方政自述："我基于医学解剖知识，遵循解剖学中研究身体的方法，从艺术的视角对人体的骨骼和关节进行了一个归纳和形式上的创造。在创作作品时，我既不强调佩戴方式，也不明确使用方法，但在每个作品中我都预设了一些诱导人去触摸、把玩的造型语言，同时每个作品都蕴含了一个人体关节的活动规则，观众在与作品之间互动时，会在无意中发现每个作品的活动方式，让作品在无形中强调关节的活动规则。我用首饰的方法来表现作品，但没有强调其佩戴性的原因是我对首饰的佩戴功能始终保留一个个人观点——首饰脱离人就会失去意义，只有在它与人互动时才能体现出它的功能性，而这种互动不仅仅是佩戴，也可能是把玩、触摸。"其作品如图 5-13 所示。

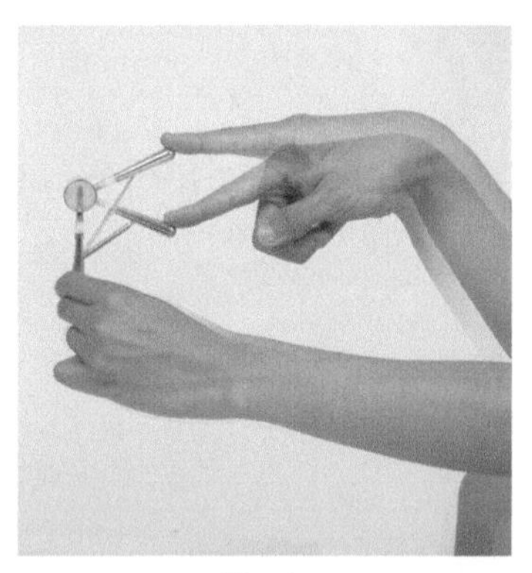

图 5-13

方政于2019年创作的作品，《关节》系列之《肘关节》。

在分享这组作品时，方政说自己是幸运的，因为在第一次接触首饰基础工艺时，他就找到了自己感兴趣的方向，那就是用金属工艺实现可变化、可运动的功能结构。方政最初的金工习作是一些具有杠杆、合页、转轴结构的抽象圆柱体，它们像一些功能不明的小器具，等待着观众在把玩的过程中发现极为简单的外表下暗藏的玄机，如图 5-14 所示。他对结构，尤其是对动态机械结构的单纯兴趣，逐渐发展为更加理性的思考，并回归到对首饰本质属性的追问上——一件具有动态机械结构的物品为何被视作一件首饰？或者说功能结构如何内化为首饰的一部分，而不是被看作一个具有功能的物品？基于首饰与身体的必然关联，方政逐渐将自己的研究对象聚焦在功能结构与人体的关系上。例如人体本身就具有的功能结构，或者通过人体必然的运动实现首饰的功能结构的运动，以及通过功能结构在人体与首饰间建立一种非常规的佩戴关系。

带着这样的思考，方政研究了外骨骼一类的作品，因为它们直接与人体相关，这类作品往往以形态仿生为主要创作方式，拥有极具视觉冲击力的外形，如图 5-15 所示。但方政发现自己感兴趣的仍然是形体下的结构，以及结构的运动原理。因此，他没有选择以造型——这种视觉艺术创作者通常依赖的方式进行创作，而是决定要从人体结构这块硬骨头入手。

图 5-14

方政在金工基础课中完成的习作《铆接》。

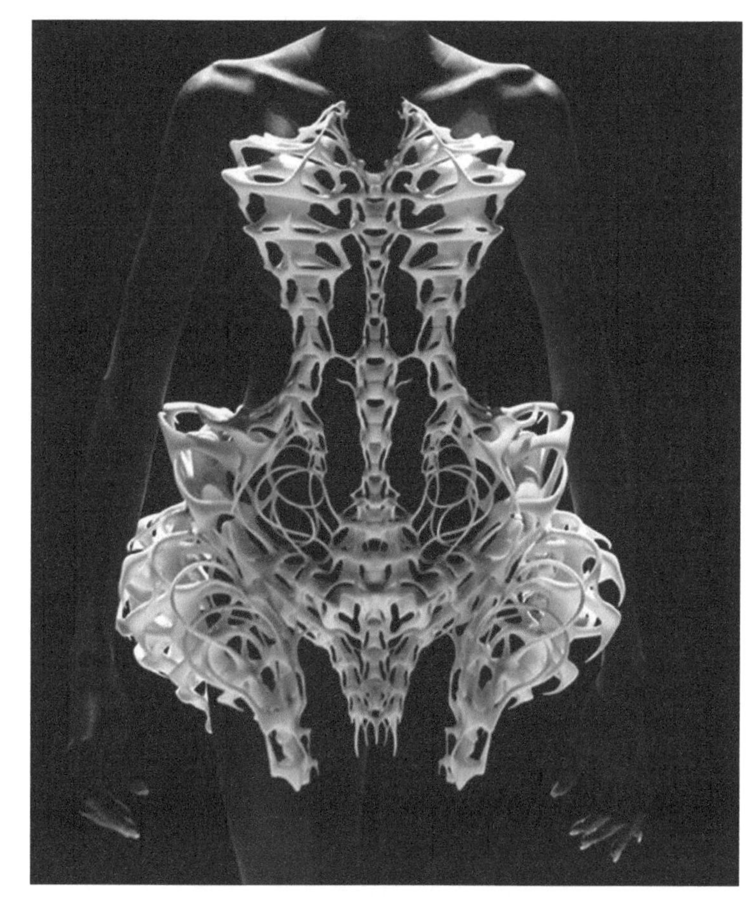

图 5-15

Iris van Herpen于2011年用3D打印技术制作的外骨骼类时装作品。

用方政的话来说，这个时候他非常幸运地得到了一家专业机构的帮助。这家机构专门研发残疾人使用的辅助工具，其中“义肢”既具有机械结构又与人体高度关联，从而成了他最开始的研究对象。

通过在专业机构的学习研究，他很快提取出膝盖 - 滑轮结构的原型，并通过木条、绷带等材料进行模型试验。该模型可以被佩戴在膝盖上，随着腿部的弯曲而自然协调地运动。但是有一个挥之不去的问题——他是要做义肢的再设计吗？显然他创作的作品是不实用的，该作品既没有让残疾人在佩戴时感觉更舒适，也没有更美观。他的第一件作品的创作目的主要是试验如何以金属工艺转化他所提取的关节结构模型。但将该作品简单地置于身体之上时，它仍然类似于仿生设计中的“外骨骼”，只不过采用了机械化的风格，如图 5-16 至图 5-18 所示。

图 5-16

膝盖-滑轮结构草图。

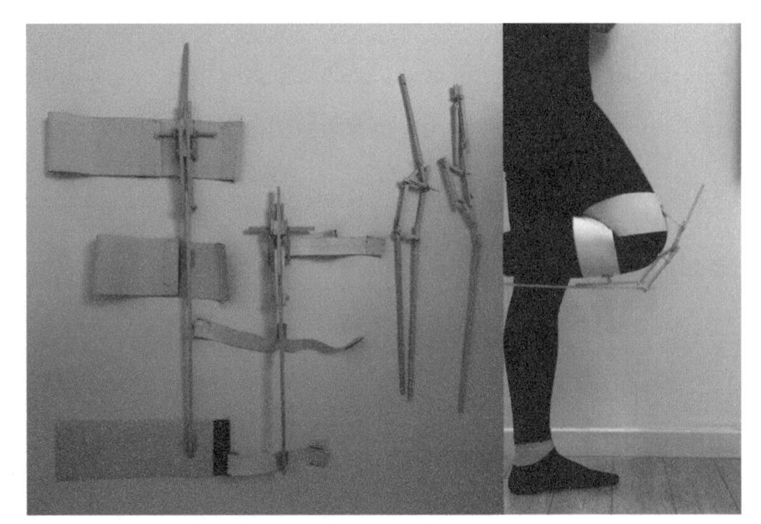

图 5-17

左图为膝盖-滑轮结构模型，右图为它与人体运动关系的试验。

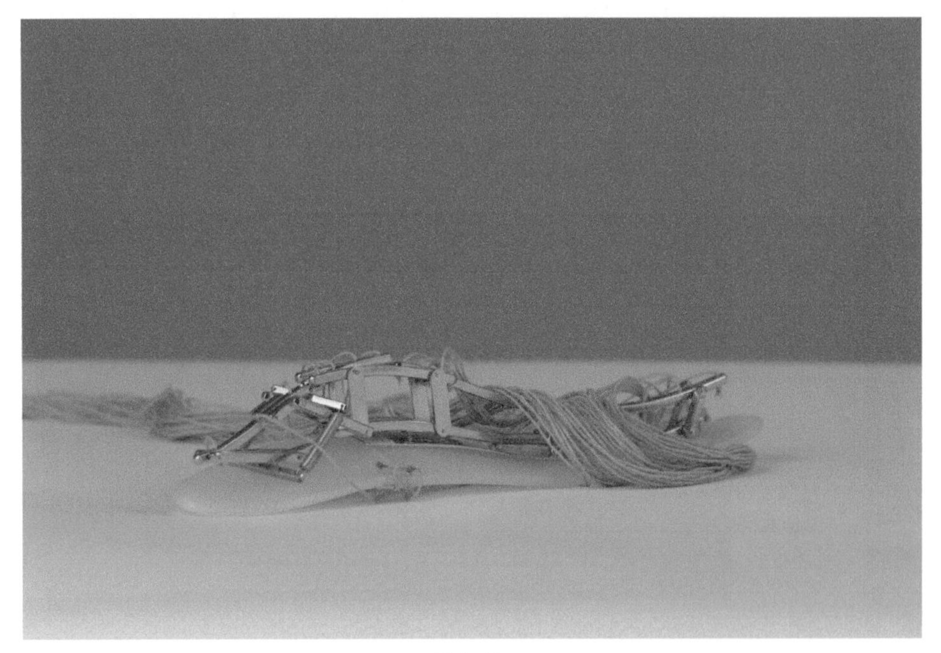

图 5-18

《膝关节》。

这个时候他又非常幸运地得到一位医生朋友的帮助，他深入了解了一家医院的解剖室，并在短暂地直面这些真实的人体（血肉、器官、骨骼）时受到了极大的震撼。事实上，任何普通人第一次面对这些画面时一定都会有所感触，但方政在诸多复杂的情绪中，梳理出了 3 个要素。第一点，死亡之后，人体结构的机械运动并未消失，例如抽动手腕上的筋仍然能带动手指活动。第二点，他发现体格相似的成年人的骨骼可以拼接在一起，它们相互咬合，几乎能组成一具完整的躯体，从物理的角度来看人与人之间并无差别。第三点，我们以为的自由的人体动作，无论是抬手、摇头或者奔跑、蹦跳，都早已被人体中的无形的规则所设定，都无法违背人体结构的机械规则，即“看似自由，实则禁锢”。

在这之后方政摆脱了“如何做义肢设计”的困境，而希望展现隐藏在人体之内的、比肉身更加永恒的机械规则。这种永恒一方面赋予人体战胜腐朽的力量，另一方面也展现着规则的绝对理性与冰冷。基于这样的目的，方政的创作动机逐渐清晰：遵循解剖学的研究方法，以艺术的视角，对人体的骨骼和关节的活动规则进行归纳并展开创作。每个作品蕴含一个关节的活动规则，在不明确给出使用说明的情况下，让形态引导观众与作品产生互动，让观众在无意中发现每个作品的活动方法，以此强调关节的活动规则的唯一性。

最终方政选择了 6 个人体结构为起点进行创作，这些结构分别为：鞍状关节的代表——指掌腕关节，平面关节的代表——跗骨间关节，滑车关节的代表——肘关节和膝关节，球窝关节的代表——髋关节，以及手掌筋膜。从外观上看，它们与方政的第一个作品（将机械结构完全暴露在外）不同，功能结构则被设计在几何体块中，让人难以联想到有机的人体。这些形态一方面来自方政对关节活动轨迹的实体化，另一方面来自他在参考骨骼特征后对特征的高度概括，如图 5-19 所示。作品的尺寸被控制在可以轻松把玩的大小。创作的重心集中到了如何让形态诱导观众把玩并发现形态下的功能结构，感受它的运动规则。例如在《筋膜》中，方政用符合手指粗细程度的圆孔来诱导观众将手指伸进去，让金属折片滑动开合。 起初方政设计了 4 个圆孔，但经过模型试验发现，观众要么会伸入 4 根手指，这并不利于功能结构的运作；要么会对使用哪个圆孔感到困惑。而当保留外侧的 2 个圆孔时，观众会将大拇指伸入，用其他几根手指把住外框，这个动作自然而然地发生，并可以让作品的功能结构顺畅运作，如图 5-20 和图 5-21 所示。在《鞍关节》中，管状造型可诱导观众将手指插入其中，实现纵向和横向运动，如图 5-22 所示。而《球窝关节》则采用适合手握的圆锥造型，当观众拿起它摇晃时，球窝关节的环状运动由此产生，如图 5-23 所示。

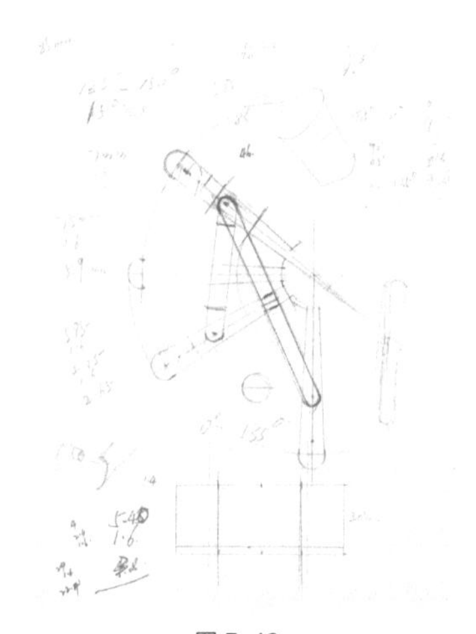

图 5-19

《肘关节》的设计图纸，该作品对肘关节的活动轨迹进行了概括。

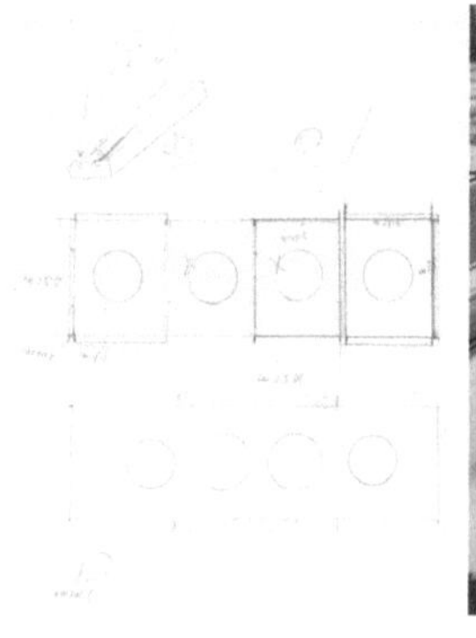

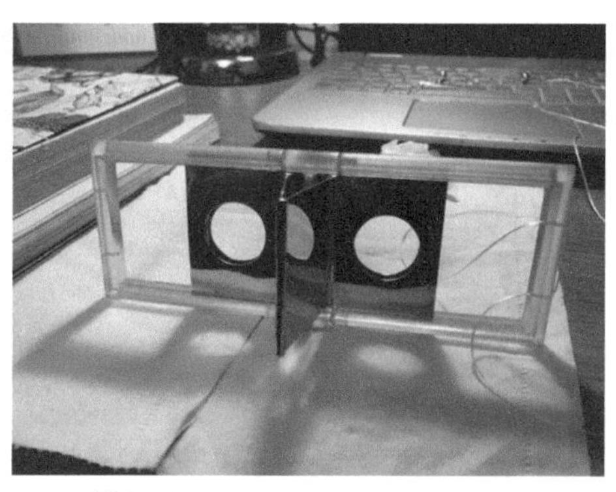

图 5-20

左图为《筋膜》的结构图纸，原本有4个圆孔的设计。右图为实物，因为4个圆孔不利于功能结构的运作，所以去掉了2个孔。

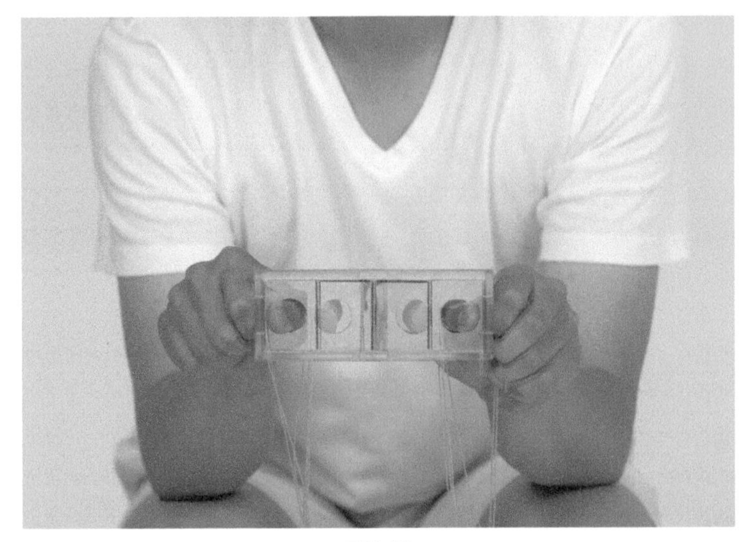

图 5-21

观众与《筋膜》互动的画面。

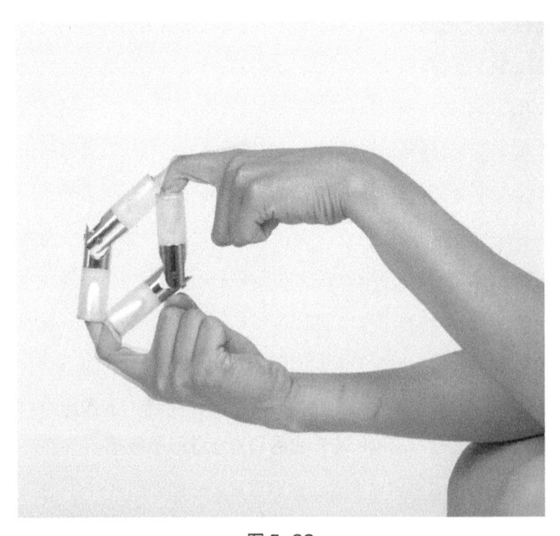

图 5-22

《鞍关节》。

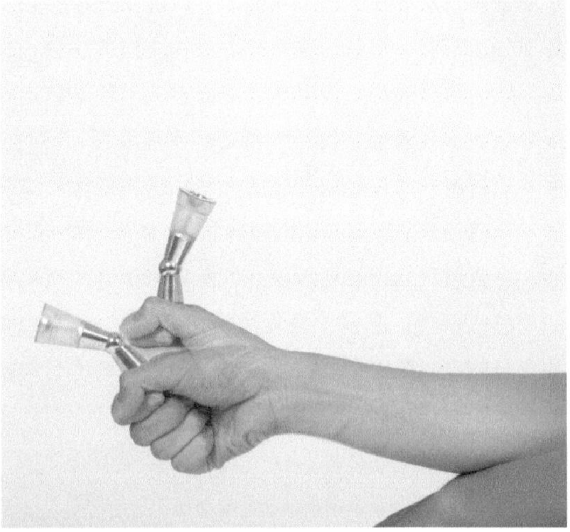

图 5-23

《球窝关节》。

方政的这组作品显然不是为了科普，有机形态的剔除体现了人体运动规则的绝对理性，好像要抹掉一切人的痕迹。但我们也能从中感受到Oskar Schlemmer的人体绘画对方政的作品的影响，膨胀的、饱满的弧形处理，赋予了几何形态一种温和的态度，让它们不过于冰冷而容易与人接近，随着人体的参与，它们获得了一种动态的生命。纵观这组作品，它们体现了方政最初对用金属工艺实现可变化、可运动的功能结构的追求，但是现在它们还拥有着与人体必然的联系。方政将他在解剖室中感受到的强烈震撼转化为了一种极为克制的美感。他反复强调他的幸运——总在关键节点得到帮助，让他的创作思路峰回路转，豁然开朗。但这种幸运，无疑来自他一以贯之的坚持，时刻保持对自己所关注的事物的高度敏感，从而没有让任何一个机会从手中流失。

◆《首饰盒》——“开合”之间的佩戴性与展陈性

魏子欣自述：“‘何谓首饰盒’，首先从作品形式的角度看，此系列的每件首饰都有开合两种状态，打开时，它们是可以佩戴的首饰，闭合时，它们是用于展陈的艺术品，这两种状态与‘首饰盒’的既能储存可佩戴的首饰，自身又可作为陈列品的功能极其相似，那么‘首饰盒’的‘展陈’与‘佩戴’这两种可以相互转换的功能，揭示的正是此系列作品的本质，那就是当代艺术首饰的双重身份——具有佩戴性的装饰品和具有展陈性的艺术品。我将艺术首饰的这双重身份隐含于‘首饰盒’的开合之间。在这里，首饰盒是首饰，但并不全是首饰。”其作品如图 5-24 所示。

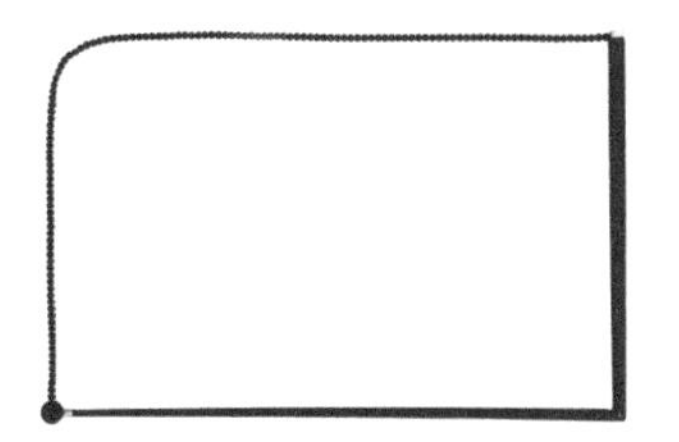

图 5-24

魏子欣于2015年创作的作品，《首饰盒》系列之《念枝折珠》。

和方政的作品不同，《首饰盒》的创作起点并非来自魏子欣对首饰的功能结构的兴趣，但其每个作品中都有“开”与“合”两种状态。如果说在方政的作品中，结构是要表现的对象，那么在魏子欣的作品中，结构是创作者表现对象的手段和方法。

魏子欣的创作起点与一个很个人的原因相关，那就是她喜欢首饰，但不喜欢佩戴首饰。正如她的自述中所说，她对作为艺术品以展陈性呈现的首饰更加感兴趣。那么当首饰没有被佩戴的时候它们出现在什么地方？“首饰盒”这个答案呼之欲出。从这个系列最先完成的一件作品中，我们不难看出，魏子欣在试图模糊首饰与首饰盒的边界。 该作品中，耳钩经过折叠被藏入花丝盒内，首饰成为收纳自己的首饰盒，展现出不可佩戴的纯粹展陈性；当耳钩展开，首饰盒成为可以被佩戴的对象，如图 5-25 所示。在创作的过程中，魏子欣逐渐对具象的、有形的“盒”感到局限，但她发现通过首饰盒的“开合”结构，带来的 “开”与“合”两种状态，能够被用来对首饰的佩戴性与展陈性进行区分，又通过开合之间的变化实现了佩戴性和展陈性的自然转化。首饰盒成了艺术首饰双重身份的完美比喻。

图 5-25

左边为首饰盒“开”的状态，可以作为耳环佩戴；右边为首饰盒“合”的状态，耳钩藏于盒内。

“具有盖子和容纳空间的盒子”进而被抽象为首饰的“开”与“合”两种状态，功能结构从首饰盒的结构（例如合页、咬合）变为任何能够创造“开”“合”的结构。但其中有一个基本规则，那就是在开的状态下作品可被佩戴，在合的状态下则不可被佩戴，并且合的状态是从开的状态收纳而来。最后这一点至关重要，它使得魏子欣的作品区别于 Iris Nieuwenburg 和郑俊元的作品，收纳容器虽然是作品必不可少的组成部分，但它与首饰是分开的，首饰从中取出得以佩戴，置入其中则用于展陈，如图 5-26 和图 5-27 所示。在魏子欣的作品中，首饰成为收纳自己的容器，更加强调佩戴性与展陈性的统一。这意味着在作品中，展陈状态下具有收纳功能的结构与在佩戴状态时具有装饰性的形态是统一的。因此，同时作为收纳和作为装饰的结构将成为创作者精心安排的对象，例如在《琴瑟无声》中，两块长形檀木之间由合页相连，在连接处打磨出凹槽，正好可以卡住砭石球，如图 5-28 所示。当球形砭石被安置其中顶住了合页要弯折的一面时，首饰被固定在“合”的状态，另一面的绳子被紧绷在梭形体块上。而当砭石球从凹槽处被移开时，合页自然弯折，首饰进入到“开”的状态，绳子变得松散，因此有了佩戴的空间。原本卡在凹槽里作为功能结构的砭石被融入首饰的佩戴状态中，几乎不可辨认。而在另一件胸针作品中，砭石球同样被卡在凹槽里，用作胸针的堵头。当首饰处于“合”的状态时，胸针的堵头无法被拔下，因此首饰不能被佩戴。当它从凹槽中被移开时，首饰得以“开启”，具有被佩戴的可能，如图 5-29 所示。纵观整组作品，不难发现在“开”的状态下，首饰里有细绳、有珠链、有相互交叉的结构，充满细节和动势；而在“合”的状态下，它们被“收纳”之后呈现出一种整体、稳定、安静的气质。

图 5-26

Iris Nieuwenburg的作品，胸针、耳饰构成了一幅完整的画面。

图 5-27

郑俊元的作品《胸针与体块》(*Brooch and Block*)，胸针嵌入体块中后形成具有雕塑感的作品。

图 5-28

《琴瑟无声》，上图为“合”的状态，红圈处为砭石球，此时砭石球卡住了合页。下图为“开”的状态，砭石球从凹槽中被取出后，合页可弯折。

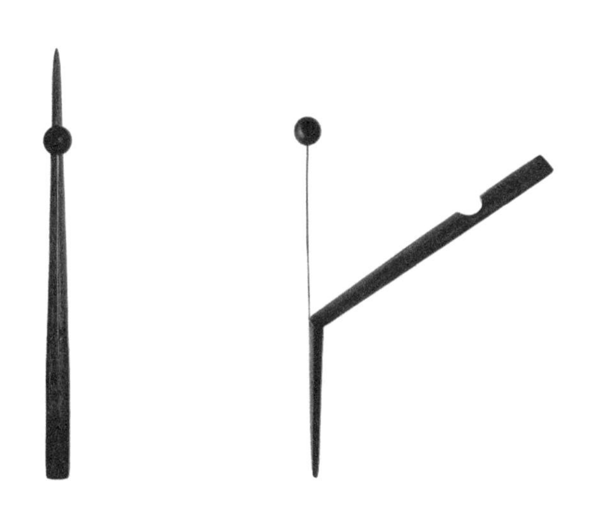

《莫依莫离》，左图为“合”的状态，右图为“开”的状态。

图 5-29

除了对“开”与“合”两种状态的处理，魏子欣也会改变“开”与“合”之间的变化方式，如此，观众可以在“收纳”的过程获得不同的体验。例如在《留珠阡陌》中只有采取唯一的方式，才能将大小不一的砭石球按顺序一一嵌入对应的凹槽中，绳线也才能恰好回归到纵横交错的轨道里，如图5-30所示。有别于《琴瑟无声》和《莫依莫离》中瞬间性的“开合”，这个作品中的“合”是一个需要细心和耐性的漫长过程。

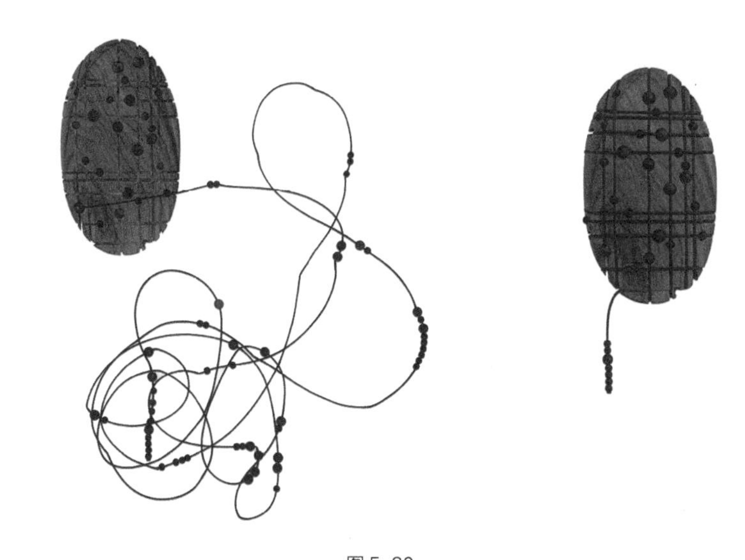

图5-30

《留珠阡陌》，左图为“开”的状态，右图为“合”的状态。在“收纳”过程中，一旦有一颗砭石球错位，后面的砭石球就都无法回归到原有的位置。

《首饰盒》中的结构并不复杂，但恰到好处。就像那一颗颗砭石球，不大不小，刚刚好。有时候我们会忘记那些创作者蓄谋已久的结构，而完全沉浸在“开”与“合”的状态以及它们之间的变化的过程中。甚至我们可能也不会关注首饰物理性的“开“合”，而是沉浸在发现与体验首饰的两种状态的转变（展陈与佩戴、稳定与松散、整体与细碎）的乐趣中。

◆《虚构想象的道具》——以结构作为想象的道具

李一平自述：“我以对中国古老祭戏结合的演剧形态——傩戏为研究背景，希望借助傩戏中的道具使观众‘入戏’于虚构故事中，并将虚构这一过程转化为作品的解读方式。作品中可活动的结构试图让“虚构想象”这种个人行为成为一种交流媒介。我希望在其身体与作品发生的动态关系中，凭借自我对作品的想象产生虚构体验。作品也因促成并推进了这一过程而成为道具。我以物与身体的关系为讨论范畴，试图将模拟、假扮的行为看作体会艺术作品的途径。”其作品如图5-31所示。

图5-31

李一平于2015年创作的作品，《虚构想象的道具》系列之《幡-3》。

很难用简单的话去概括李一平的创作起点，因为它不是一个点子，也不是能够明确表达的观念，甚至不来源于她自述中的傩戏。我仔细分辨其作品中的细节，试图建立它们与傩戏中的道具之间的关联，但无功而返。作品中的形态、颜色、材料来自李一平对家乡的回忆——夜晚潮湿的黑色树干和马路；对艺术作品的感受——科勒惠支的版画，德国表现主义的黑色轮廓，贾科梅蒂画了无数次的人头；对声音的想象——埙的哭腔；对换季的焦虑——一个在母腹中老去的婴儿……如图 5-32 所示。它们最后变成一个个具体的画面，闯入李一平的脑中，我们通常将这个过程称为直觉。以直觉作为驱动的创作似乎不需要思考，而现实情况与之相反，恰恰是思考与感受的网络过于庞杂、繁复、细密，以至于李一平自己都理不出一条清晰的主线。因此，她的创作有太多内容可以挖掘，但在这里我们只简要地从结构的角度谈论她的作品《虚构想象的道具》，因为结构在其中既是她创作的方法与手段，也是她讨论的内容与对象。

图 5-32

李一平对于喜欢的艺术家、作品、音乐以及自己的回忆、感受的记录与整理。

《虚构想象的道具》的创作有两个层面，在第一层中我们首先会看到李一平制造的日常生活中的情境。例如《牛蝇》来自苍蝇围绕水牛额头飞舞的景象，这让李一平联想到在烈日下行走时脑海中的怪响。《幡 -2》则来自细雨拍打树叶时，树叶在颤抖中闪烁着金属般的亮光的景象。在第一层创作中，结构是用来创造这些情境的途径。《牛蝇》中碗状的薄壳中被埋入了微微凸起的圆管，当两半薄壳扣合在一起时，两根蜿蜒的圆管可连成封闭的隧道，以让金属圆珠在其中游移，如图 5-33 所示。晃动这个球体，金属碰撞的声音不知从其中的哪一部分发出，当你确认它在这里的时候，它马上又跑到了其他位置去了。就像李一平形容的行走在烈日下的感受，我们似乎无法确认脑海中的响声来自何处。在《幡 -2》这个作品中，每一个蛹状空腔都被一根横轴固定在框架上，因此，当你握着手柄拿起这个道具时，每一个“蛹”都会像点头一样上下起伏。空腔下边缘的半球金属结构既是配重，又是敲击的工具，如图 5-34 和图 5-35 所示。被蜡浸染过的纸张获得了金属般的质感，折叠后形成的棱面在运动中闪烁着跳跃的光泽，而圆形金属结构敲击着脆生生的纸面，窸窸窣窣的，就像雨落的声音。在《虚构想象的道具》中，具有功能性的结构极为丰富，但它们都被精巧地藏于“表意”的形态之下。这些结构促成了作品因运动而产生的声音和画面，以及由声音和画面构建出的情境。

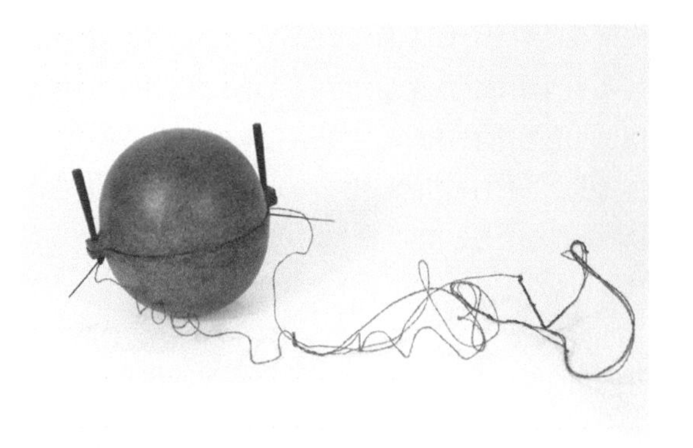

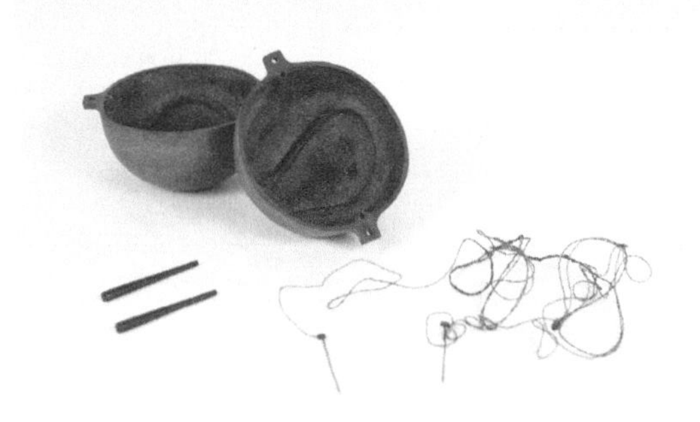

图 5-33

上图为《牛蝇》呈完整球体时的状态，从中发出圆珠滚动的声音。下图为《牛蝇》分开时的状态，两半碗状薄壳中蜿蜒的凸起为圆珠滚动的通道。

图 5-34

《幡-2》中8件蛹状空腔两两一排，由横轴固定在框架上。浸过蜡的纸张经过折叠后，形成类似宝石的刻面，闪烁着跳跃的光泽。

这组图片展示的是《幡-2》的制作过程与结构细节。左图表现了蛹状空腔如何与外框连接。右图所示为空腔边缘处的半球结构，该半球结构通过两层外框被固定在纸张上。

图 5-35

但李一平没有止步于此，事实上这正是她想要在创作中突破的局限。因为从以往的创作经验中她深深地体会到，由于与观众缺乏共同的经验，创作可以复现情境的表象却无法将她对情境的经历带给观众。由此，她产生了对于体验作品的深层思考，她希望观众能通过作品产生自己的虚构的想象，从而达到体验作品的效果。因此，在制造这些特定情境之上，《虚构想象的道具》还需要进行另一个层面的创作——如何让观众通过作品中的结构产生虚构的想象，从而体验作品的试验。

在这个试验中，结构成了被表现的主体，它们不是复现情境的途径，而是需要被观众体验的内容。当观众观察、摆弄、使用作品中的结构时，他们就自然而然地展开了对作品的虚构想象。他们进行的不是漫无目的的、随心所欲的想象，而是在刻意安排的结构的暗示与诱导下，有指向、有条件的想象。简单来说，李一平发现结构既能有步骤地传达指令，又能通过观众已有的经验使其产生自主的想象。因此，结构是一种建立交流的方式。

例如在《牛蝇》中，李一平并没有创造一个完整的封闭的球体，让金属圆珠在其中运动碰撞并发出声音，事实上，如果是要复现李一平所说的在烈日下行走时会听到脑海中的怪响的情境，那么设计一个完整的、封闭的球体似乎已经足够了。而李一平制作了两个可以分别被手掌抱握的半球，用两截小木栓将它们扣合在一起，从而形成一个完整的球体。但这个结构可以被轻松地甚至在摇晃球体时无意地打开，于是球体被分成两半，圆珠从封闭的隧道中掉落。观众不得不仔细地观察它，小心翼翼地尝试重新去扣合它，在这个过程中观众依然能听到碗状薄壳中发出声响（未落出的圆珠发出的），并结合内壁上蜿蜒的凸起形成对看不见的圆珠在曲折的隧道间游走的想象。这种想象不是被一股脑地扔在观众面前，而是在观众与作品的结构互动的过程中一步步展开的。而那恼人的永远理不清的长线、用来勾住木栓的小结构等细节像李一平故意设计的陷阱，观众会自然而然地将注意力轻移到它们身上，并会努力地建立它们与主体物件之间的联系。这种建立联系的过程让虚构的想象变得越来越个人化与复杂化。《牛蝇》的预期效果图和观众与《牛蝇》的互动画面，如图 5-36 和图 5-37 所示。而在另一个作品《签筒》中，李一平将它拆分为几个部件，但每个部件都有对整体的示意，这种示意将诱导观众尝试将各个部件组合在一起。例如筒状物与盖子暗示着扣合，金属长丝与小孔暗示着伸入。在这个过程中，观众也许碰巧遭遇了李一平原本设定的情境——制造出金属长丝穿过金属细管时的摩擦声，但更多情况下，他们都在结构的暗示下按照自己的虚构想象创造着情境。《签筒》及观众与《签筒》的互动画面如图 5-38 至图 5-40 所示。

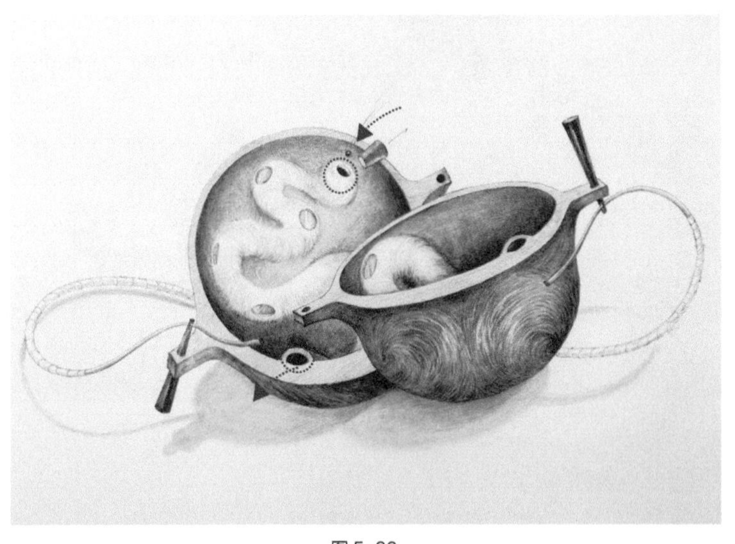

图 5-36

《牛蝇》的预期效果图，在图中我们能清晰地看到李一平对结构的设计，包括用于固定的木栓与连接木栓的绳线。红圈处为埋入薄壳的通道的两个开口，当碗状薄壳合并为球体时，它们形成封闭回路，否则圆珠可以从开口处掉出。

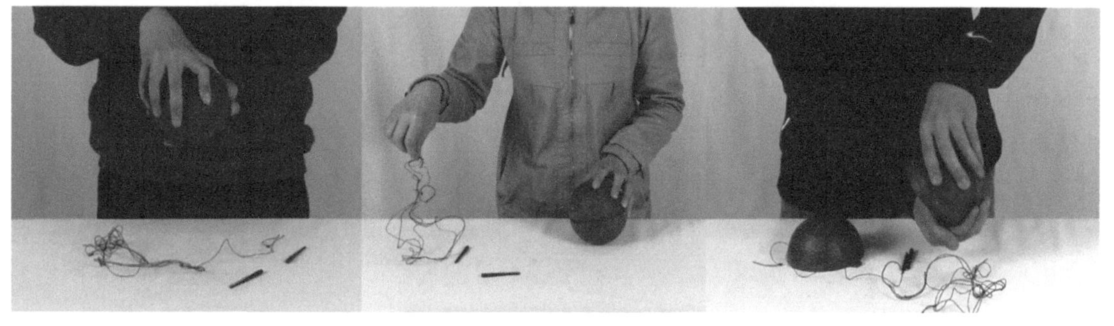

图 5-37

观众与《牛蝇》的互动画面，从左至右分别为观众试图扣合两半碗状薄壳，观众处理绳线与主体物之间的关系，观众从开口处倒出圆珠。

图 5-38

《签筒》由两个筒状物、一个盖状物、一个碟状物、一把镊子和若干纤长的金属丝组成。

图 5-39

《签筒》的预期效果图，右边为签筒的内部结构，喇叭状洞口向里收缩成细小的通道，可以将金属丝插入其中，此时会发出刺耳的金属摩擦声。

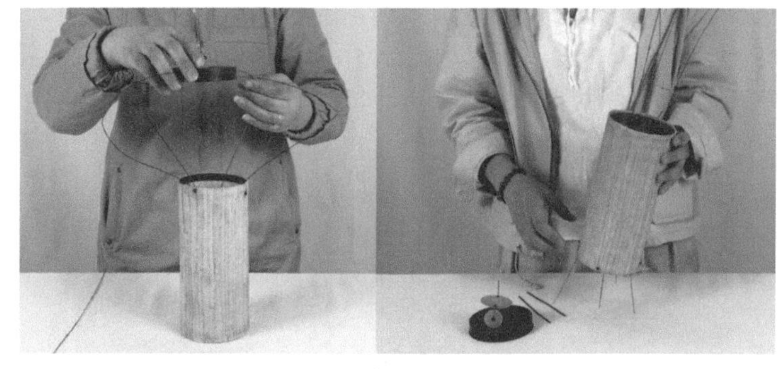

图 5-40

观众与《签筒》的互动画面，左图中观众试图将金属丝插入筒状物与盖状物的孔洞中，从而将它们连接在一起；右图中的观众则实现了李一平原本的预想，即将金属丝插入了喇叭口下的细管中。

李一平邀请了 10 位年龄、职业均不相同的观众，并用视频的方式记录下他们与作品互动的过程。在这些视频中，他们既是作品的观众，又成了被观看的对象。这些观众并不表演，他们对作品做出的反应是真实的，但真实中包含了他们对手中的结构的虚构想象，这些结构似乎可以组合、嵌入、缠绕或发出声响，在某一刹那他们相信这些结构是这样的或者可以成为这样，因此，他们会采取行动并期待达成某种目标、获得作品的反馈。视频中，观众真实的动作、肢体和表情，成了正在观看视频的我们的触发新一轮虚构想象的材料，而他们已经在不知不觉中成了戏中人。

第6章

讲一个讲不清楚的故事——以叙事为主导的创作策略

CHAPTER 06

什么是以叙事为主导的创作策略

但凡对艺术首饰、当代首饰有所了解的人，对叙事性首饰都不会陌生。在这个理论相对匮乏的领域，叙事性是一个颇受首饰实践者和理论研究者青睐的概念，因为它既有语言学、文学的理论基础，又有极大的包容度，每个人都可以从自己的角度做出诠释。因此，人们对它的理解及它所呈现出来的面貌都是十分混乱的。虽然本书的主要目的是对创作策略进行介绍，但是还是需要抽出一段文字，稍微对叙事性首饰这一概念进行梳理。

最早对叙事性首饰(Narrative Jewelry)进行的定性研究出现在Jack Cunningham的博士论文《欧洲当代叙事首饰》（*Contemporary European Narrative Jewelry*）中。他对叙事性首饰的定义是，“小的物品拥有谈论宏观议题的潜力，能表达大胆的观点、质疑公认的价值。像诗一样，将想法和观点压缩进最精简的视觉呈现中”。同时，他强调：“和（首饰所承载的）想法与信息同样重要的是，想法与信息所要交流的对象。交流是叙事的关键构成部分。”最后他又对叙事性首饰的特点进行了如下总结：“……包含评论和信息的可穿戴物，创作者通过视觉的方式呈现，具有通过佩戴者的干预与观众进行交流的明显意图。”我非常认同首饰具有承载并传递信息的功能，因为这就是首饰的本质。我们的祖先从使用朱砂、赭石进行身体染色，逐渐过渡到使用贝类、兽骨制作串珠，正是因为所要传递的信息内容发生了改变。虽然我们很难想象当时这些信息的具体内容，但是我们可以确定这些信息一定越来越重要、越来越复杂，以至于我们的祖先需要花费大量的人力与物力去表达它、记录它，使其世代流传。所以信息的载体从暂时的、不可转移的、程度模糊的直接身体装饰，扩展到了稳定的、可转移的、程度明确的间接身体装饰。因此，Jack Cunningham的定义会带来一个问题：没有首饰不是叙事性首饰，因为没有首饰不承载和传递信息。叙事性首饰的概念在界定之初就是不确定的，Jack Cunningham也有意地避免了做确切的定义，因为他认为这样会破坏作品被解读的开放性。

如果试着把叙事的范围缩小，我们可以对首饰承载和传递的信息进行分析，看看什么样的信息更加符合人们通常意义上对叙事的理解？具有象征含义的符号、表达明确观点的宣言、营造抽象状态的情绪、具体事物的描述、现实或虚构故事的讲述，这些都可以成为首饰承载的信息，但是最后一种——现实或虚构故事的讲述——最接近叙事的概念。在首饰中述说故事无疑是叙事，但正如Liesbeth den Besten所说，首饰的叙事中有很重要的“误解”和“错觉”的成分，它注定无法像小说那样讲清楚一个故事，而只能用碎片化的结构创造一个叙事情境，让观众在其中编造出自己的情节。这一说法虽然不是很准确，但是很形象，Liesbeth den Besten将首饰中的叙事看作寓言，它比故事多了一些不确定的隐喻。

以Ramon Puig Cuyàs的作品为例，如图6-1所示，Liesbeth den Besten对首饰中的叙事如何展开进行了这样的描述：“它首先会使得你想到一件仪器、罗盘或者旅行者的工具……有一个红色与黑色丝线组成的球出现在像万花筒一样重叠在一起的圆圈上……它可能指向船的缆绳，也可能是蜿蜒的道路……这枚胸针到处弥漫着动感和冒险的气氛……”因此，人们在欣赏这个作品时，其目光会在作品上游走，不知从何处开始看起，其可能根据创作者给出的蛛丝马迹，对视觉元素的含义和它们之间关系进行猜测和联想，但最终也无法得到明确的答案。这就是叙事性首饰能够提供的区别于其他首饰类型的乐趣。

因此本章讨论的叙事性首饰，将会避开具象的作品，例如一朵花、一只鸟，因为它们的含义是单一的，即使拥有象征性，它们也有明确的指向性；本章也不会谈论以美国首饰为代表的小型雕塑类作品（它们通常被认为是叙事性首饰的典型代表），因为它们太像立体化的故事插图，缺少观看过程中的不确定性。

最后我们回到叙事这一概念的原点——叙事学（Narratology），叙事学是对文学结构的研究。既然是对结构的研究，那么首先需要有可被研究的结构。在首饰中，结构表现为各个部分以及各部分之间的关系。所以以叙事为主导的创作策略的重心便是构建作品中各部分之间的关系，并诱导观众在观看的过程中对关系进行重构。

图6-1

本件作品为Ramon Puig Cuyàs于2006—2007年创作的《有围墙的花园》（*Walled Garden*）系列中的一件，和Liesbeth den Besten描述的作品同属一个系列。

现成品在叙事性首饰中的使用

现成品的使用是以叙事为主导的创作策略的重要创作手段，要让首饰叙事，就要先让观众进入叙事情境，如此才能实现叙事内容的传达。在陌生而复杂的图景中，我们一眼看到的是可辨认的形态，它们能唤起回忆，将陌生与熟悉、现在与过去、外部信息与自我认知联系在一起。现成品便是那枚唤起回忆的钥匙，它包含了诸多信息：它是什么？怎样被使用？出现在怎样的场景中？顺着这些问题我们已经进入了创作者预设的情境中。但同时我们又脱离了它的原始语境：它发生了改变？有什么新的含义？它和周围的环境具有怎样的关联？这些现成品无法提供的信息，成为帮助观众通过想象去填补叙事留白的线索。现成品自身的明确指向和抽离了原始语境后的不可读，为可以引发错觉与误读的叙事提供了有效的帮助。当然，这不是说只要使用现成品，首饰就一定是叙事性首饰，或者使用了现成品的首饰就是好的叙事性首饰。关于现成品的使用我们会在案例分析中做进一步说明。

叙事内容的视觉转译

荷兰首饰艺术家 Ruudt Peters 曾经说：“我讨厌叙事性首饰……它们太简单、太明确。”这并不是少数人的观点，叙事就是讲故事，叙事性首饰就是对故事进行视觉翻译。对于任何首饰创作来说，视觉转译都是核心工作，但对叙事内容进行首饰语言的转译，可能是其中最难的一种。以形态为主导的作品是在视觉范围内进行转译的（如从蝴蝶到更美的蝴蝶），以材料为主导的作品转译的内容往往是抽象的、含混的感受（如冷、孤独、痒等感觉），以反思为主导的作品转译的内容是明确的、强烈的观念（如对黄金的价值的反思、对钻石的象征的思考）。而叙事性首饰所要转译的内容处于具象和抽象、确定和不确定之间。人们真正不喜欢的是“看图说话”和 “过度解释”的叙事性首饰。前者是一一对应的直译，缺少想象的空间。后者则过于晦涩，使观众难以建立视觉与叙事之间的联系，缺少想象的线索。叙事性首饰就像一个舞台，观众的意识在舞台上来了又走、出现了又消失。它注重的是意识流转的过程，而不指向一个明确的观点和答案。观众借由视觉转译进入舞台，通过它们看到别处，而不是只看到它们本身。因此，真实的情况是“我也讨厌叙事性首饰，不是因为它太简单，而是因为它太难！”

富有创造力的联想对创作中的视觉转译至关重要。创作者在创作过程中既要有合理的推导，使得关联成立；又要能冲破逻辑惯性，让建立起来的联系不要过于简单和直接。创作者对现成品的掌控力同样需要练习，很多人认为使用现成品可以掩盖其造型能力和工艺基础的不足，并把它当作一种投机取巧的手段，从而使得叙事性首饰中存在大量现成品堆砌而成的粗制滥造的作品（这也是叙事性首饰给人留下简单、肤浅、过时等印象的原因之一）。对现成品的选择、处理、加工、组合、安排同样需要创作者的精心思考和积累经验。用 Jack Cunningham 的话来说，使用现成品的创造力表现在将已知信息放在一起并建立它们之间的联想，从而产生未知信息。

以叙事为主导的创作策略的基本思路——以 Jack Cunningham 的作品为例

虽然 Jack Cunningham 对叙事性首饰并未做出明确的解释，但他的创作实践无疑是对叙事性首饰的经典诠释，因此在这一部分我将全部使用他的作品对以叙事为主导的创作策略的基本思路进行简要介绍。

以斜事为主导进行创作时，第一步是要找到叙事的内容，也就是要转译的对象。叙事性首饰可以表达的内容有很多，如故事、回忆、旅程、梦境等。但是对同一段旅程，每个人述说的角度都是不一样的。至关重要的是，创作者要对所要表达的事物进行深入的观察与体验，并从中找到具体的、个人的、独特的感受。例如一说到日本，人们就会想到樱花、枯山水、禅寺等视觉形象，当它们组合在一起时能够鲜明地代表日本，如图 6-2 所示。对于需要快速地抓住消费者的眼球的商业首饰来说，这无可厚非，但它缺少了可以让人深入解读、引发联想的可能性。这是因为这些元素是一种普遍的视觉符号，不能提供创作者的个人视角和独特体验。但是在 Jack Cunningham 的作品中，我们看到了具体但又留有遐想空间的表达，如图 6-3 所示。《二条城》（Nijo-jo）是《日本系列》(*Japan Series*) 中的一个作品，Jack Cunningham 转译的 3 个点分别为二条城（位于京都的幕府将军的行宫）所处的地点，二条城的地板以及在二条城中进行的活动。其中最有意思的是二条城的“鹂鸣地板 ”，当有人在上面行走的时候地板会发出鹂的鸣叫声。很显然这一点也给 Jack Cunningham 留下了深

图6-2

梵克雅宝（Van Cleef & Arples）的胸针作品。

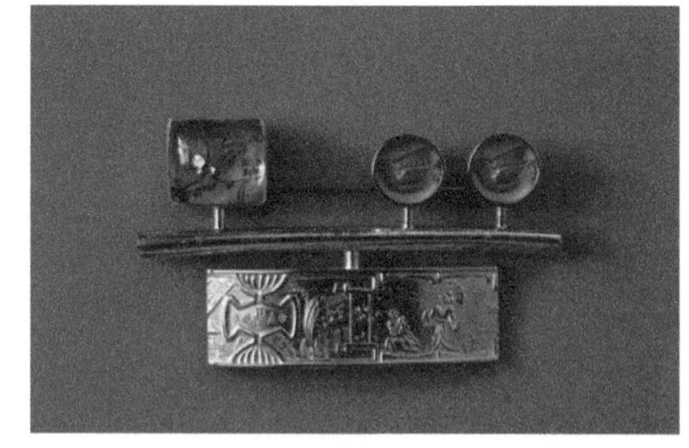

图6-3

《二条城》，Jack Cunningham于2003年创作的作品。

刻的印象，他没用使用例如屋顶、壁画这些显而易见的视觉元素，而是在作品中加了两只小鸟的形象去提示“鹂鸣地板 ”。如果观众去过二条城，结合位于胸针左上角的透明水晶下的二条城地址和描绘了樱花树下游园场景的具有明显东方风格的银质饰板，他就不难联想到走在二条城中时听到的鹂鸣声。这种联想是个人化的，引发的想象是立体的：从空间到时间，从视觉到听觉。

第二步就是将叙事内容通过首饰的语言转译出来。当然，这个一句话就能概括的步骤，操作起来并没有这么简单。叙事内容和用于转译的素材之间不是线性的因果关系，叙事内容会引导创作者进行材料、形态、文字等素材的收集，而找到的这些素材也会反过来影响、修饰、细化叙事内容，如此循环往复。转译可以通过联想、比喻、通感、符号等方式进行。联想主要建立在视觉上，例如相似的颜色和形态。Jack Cunningham 在《日本系列》中大量使用了悬置的球状物，如图 6-4 所示，它们是对灯笼的转译。但是 Jack Cunningham 没有使用具体的灯笼的形态， 而是抽离出了悬挂、列阵的形式。至于每一个灯笼则成了大小、胖瘦不一的玛瑙球、

珍珠和玉石，这是因为他想表达的不是灯笼本身，而是由日本居酒屋门口灯笼的排列形成的一种若有若无的视觉上的遮挡。即使观众看到该作品之后不能马上联想到灯笼，其形式中的节奏也能或多或少地体现出东方韵味。Jack Cunningham 还在《巴黎系列》（*Paris Series*）中的《午夜之蓝》（*Midnight Blue*）使用了一大块方正的、没有做任何修饰的青金石，如图 6-5 所示。通过题目——《午夜之蓝》的提示，青金石能立即让人联想到浓郁而深邃的天空。比喻的使用则需要借助语言，例如在《亲爱的绿地》（*Dear Green Place*）中，Jack Cunningham 想用玩笑的方式转译格拉斯哥的城市盾徽，如图 6-6 所示。该作品中，盾徽上的符号描绘着格拉斯哥城市的 4 个奇迹：从未飞行的鸟、从未生长的树、从未敲响的钟、从未畅游的鱼。什么样的鸟是永远不飞的呢？也许是一只啄米的鸡。只有知道“不飞的鸟”的典故，才能理解鸡为什么出现在这里。但这并不影响观众从胸针中看到悠然自得的小农庄的景象，这是 Jack Cunningham 想要传达出的对格拉斯哥的印象。通感则是通过视觉唤起其他感官的联想，前面提到的《二条城》中“鹂鸣地板”就是很好的例证。符号是被高度概括的图像语言，它凝结了具有广泛共识的象征信息，因此符号可以快速地传达明确含义。例如《你爱我有多深》（*How Deep is Your Love*）这个胸针作品中的爱心是明确的象征符号，尺子则是对爱的“程度”的形象比喻，如图 6-7 所示。

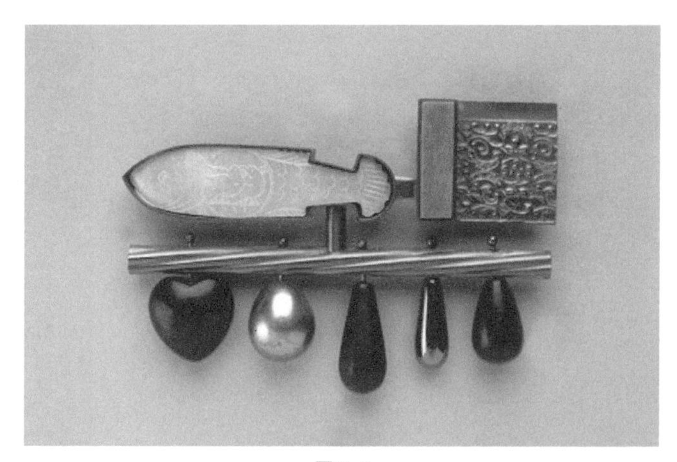

图 6-4

《禅》，Jack Cunningham于2003年创作的作品。

图 6-5

《午夜之蓝》，Jack Cunningham于2003年创作的作品。

图 6-6

《亲爱的绿地》，Jack Cunningham于2004年创作的作品。

转译并不是将叙事内容一一视觉化便结束了，创作者还要去构建它们之间的关系——是并置，还是有主次之分；是要建立逻辑，还是要故意隐藏逻辑的痕迹。创作者应在有明确的指向的元素旁边，放上掩人耳目的“路障”，好和观众开个玩笑，让他们的思绪在作品中迷路和漫游。

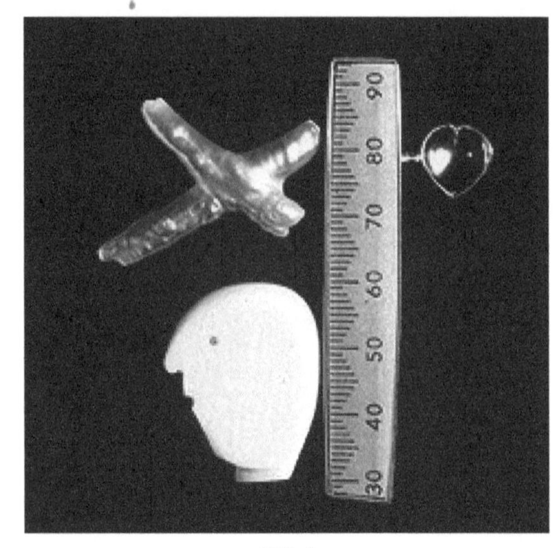

图 6-7

《你爱我有多深》，Jack Cunningham于2000年创作的作品。

《低俗小说》——首饰蒙太奇

闫丹婷自述：“庸俗的笑话、离奇的故事、似是而非的逻辑，他们生活在一个充满意外的世界。低俗与高雅的标准模糊而又并存，时间丧失，道德崩坏，那似乎不再是电影中的世界。我围绕拼贴风格的先锋影片《低俗小说》（*Pulp Fiction*）展开创作，整组作品虽以电影作为出发点，但并没有出现和电影直接相关的任何视觉元素。我用首饰将电影编剪为 8 段故事，分别照应电影中的情节，并使其两两相对、环状互补：《序章》《邦尼的处境 1/2》《邦尼的处境 2/2》《金表 1/2》《金表 2/2》《文森特和马沙的妻子 1/2》《文森特和马沙的妻子 2/2》《尾声》。由此，首饰和电影在相互独立又彼此关联的平行时空中产生互文。”《金表 2/2》如图 6-8 所示。

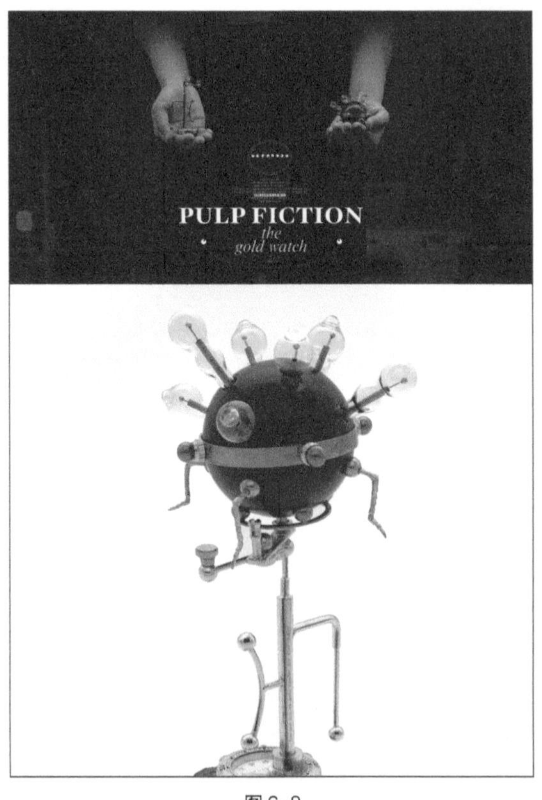

《低俗小说》之《金表2/2》，该作品使用的材料为塑料球、玻璃、黄铜、紫铜、废旧手表、戒指首饰盒、亚克力。

图 6-8

在分析闫丹婷的这组作品之前，我们最好先看一遍 Quentin Tarantino 的经典之作《低俗小说》，同时思考如果要用首饰的方式呈现自己对这部电影的理解，你会怎么做？

闫丹婷在参加了一次关于叙事性首饰的工作坊活动之后对叙事性首饰产生了兴趣，她联想到自己曾经对《低俗小说》这部电影的叙事结构进行过分析，因此希望以毕业创作为契机，进行一次对叙事性首饰创作实践的深入探索。虽然我们说叙事首饰的创作内容没有局限，但以《低俗小说》为脚本，无疑是闫丹婷深思熟虑的结果。这部电影的叙事结构常常为人们津津乐道——环形叙事、碎片化、非线性，通过导演的刻意安排，观众感受到叙事的存在。这种蒙太奇的效果恰恰是叙事性首饰所擅长表达的内容。正如我们说叙事性首饰是“讲一个注定讲不清的故事”，在闫丹婷的创作中，“讲不清”贴合了电影“碎片化”的叙事特点，并实现了“多重解读”的目的。

通过对电影结构的分析，闫丹婷建立了自己的解读体系，如图 6-9 所示，并以此为依据形成了首饰创作的规则：8 件首饰对应 8 个片段；作品两两对应代表了相互对应的情节；两件对应的首饰之间在视觉上具有较为明确的呼应关系，形成一个小的单元结构；4 组单元结构之间相互独立。这样的规则建立对于闫丹婷来说是非常重要的逻辑支点，当电影被拆分为 8 个片段，她才不会迷失在庞杂的视觉与内容信息中，而两两对应关系则为她的创作提供了具体的视觉依据。与此同时，这一规则也能帮助观众找到作品在电影中的对应坐标。当观众试图将作品对应到电影场景中的时候，某些熟悉的视觉元素让人们自然而然地联想到电影情节（例如手表、刀叉），而它们显著的改变和奇妙的组合（叉子的手柄变成了注射器，黑色的皮夹打开成了一本书）又令人费解，如图 6-10 和图 6-11 所示。正是观众试图重新建立元素之间的内部逻辑的努力，让闫丹婷的作品不是图像意义上的对电影的翻译，而是产生了新的电影之外的叙事可能。

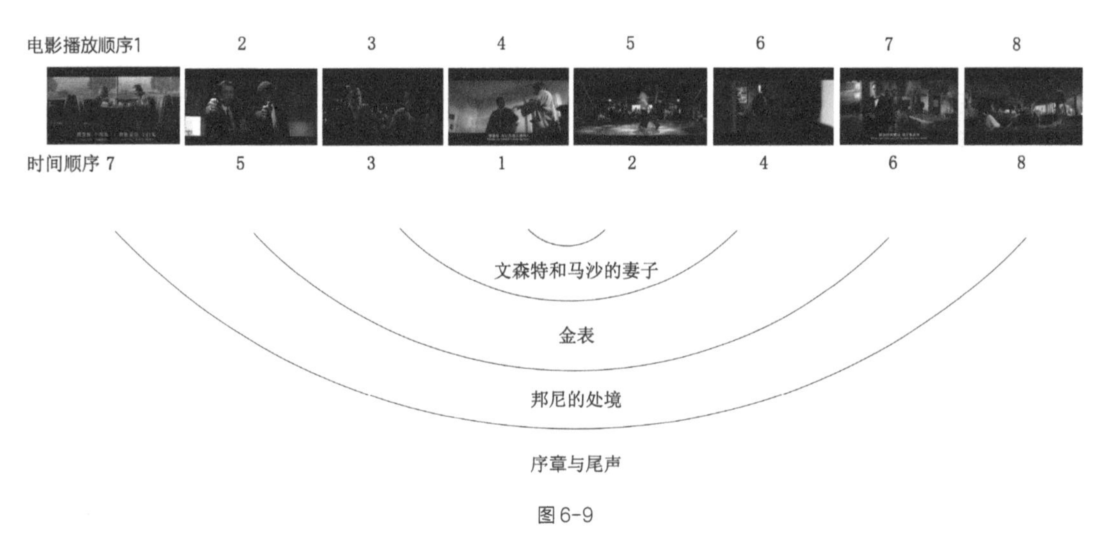

图6-9

闫丹婷对《低俗小说》叙事结构的解读体系。她按电影的播放顺序将故事情节拆解为8个片段，电影表现的顺序为1至8，而真实的时间线顺序应为4、5、3、6、2、7、1、8。闫丹婷为每个片段创作作品，其中4与5，3与6，2与7，1与8两两对应，形成一个单元。

图 6-10

胸针作品《低俗小说》之《文森特和马沙的妻子2/2》。

图 6-11

手拿书《低俗小说》之《尾声》。

在观看《文森特和马沙的妻子》这一电影单元的时候，闫丹婷就感知到餐具和注射器是可用的视觉元素。一方面，来自于对形态与材料的敏感，现成品自身具有的精致的美感，而金属材料也适合进行首饰创作的二次加工；另一方面，在电影中它们代表了这个故事单元的两个核心情节——文森特与马沙的妻子米娅共进晚餐（西餐叉与冰激淋勺），以及米娅被文森特打针挽回生命（注射器）。餐具和注射器的形态特征清晰、使用功能明确，因此当两者并置时，荒诞和怪异的感觉尤为突出。这正是闫丹婷想要塑造和传达的气质，如同电影中急转而下的情节，主人公共进晚餐的暧昧氛围戛然而止，变成了生死危机和狼狈不堪。作品的玻璃容器中有碎掉的纸片，上面的文字已经不可阅读，它也暗示了不可告人的情愫和相互保守秘密，如图 6-12 和图 6-13 所示。

图 6-12

胸针作品《低俗小说》之《文森特和马沙的妻子1/2》。

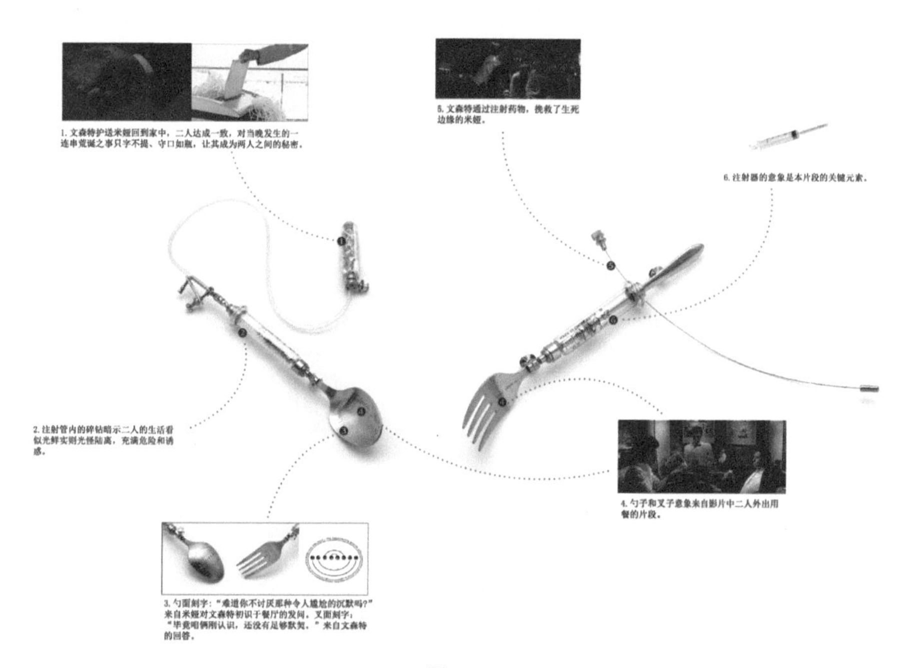

图 6-13

此图展示的是作品中现成品的使用与电影情节之间的呼应关系，由闫丹婷本人绘制。

在创作过程中，我们可以看到很多细节是叙事逻辑和创作者主观审美相互作用的结果。例如，在《邦尼的困境》单元中，闫丹婷利用血压仪气泵来指代邦尼医务人员的身份，但是气泵本来的材质与外观并不适合出现在作品中，所以艺术家需要对现成品进行处理。这个故事单元的主要情节是经验老到的“狼先生”指导文森特和朱尔斯如何对一片狼藉的小汽车进行善后处理，所以她认为可以出现诸如说明书、百科全书一类的视觉意象。因此她找来了一本老的英语词典中关于汽车的条目与图像，覆盖于气泵之上，如图6-14所示。她还将对叙事结构的解读视觉化为了图解，像是留给观众的暗号，贯穿于每一件作品之中，如图6-15所示。

图6-14

胸针作品《低俗小说》之《邦尼的处境1/2》，气泵被词典条目覆盖。

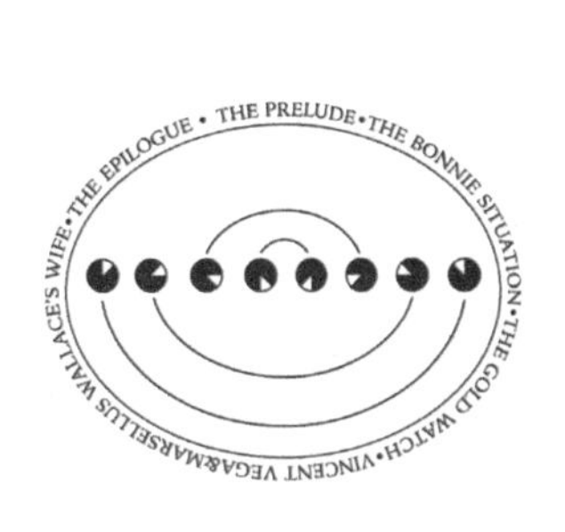

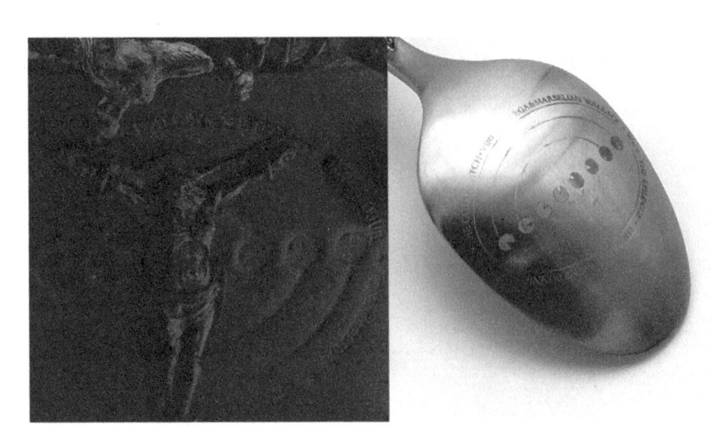

图6-15

左图为整个系列的图解，中间图片为手拿书《低俗小说》之《尾声》上的细节，右图为胸针作品《低俗小说》之《文森特和马沙的妻子1/2》上的细节。

通过作品宏观结构的构建和每一处细节的安排，闫丹婷创造出了首饰语言中的视觉谜题。它不仅可以和电影内容形成互文，也完全能够独立存在，提供给观众原著之外的叙事体验——发现线索、建立关联、产生解读。

作品的结构框架是并列的，使得创作过程并不是递进的，不能从一组作品推导出另一件，这给了闫丹婷极大的挑战。用闫丹婷自己的话来说就是创作了四组完全不同的作品，每一组都需要针对电影内容进行全新的构想，寻找合适的现成品、原材料与加工手段。这套作品涉及皮具制作、金工制作、塑料翻模和玻璃器具再加工，简直需要十八般武艺。每当创作一筹莫展的时候，她就再看一遍电影，这也是她当初选择《低俗小说》的原因之一，至少创作过程中可以一直欣赏自己喜欢的作品，所以创作过程是快乐的。喜欢和热爱对于创作来说是最简单也是最好的动机，从中而生发的真诚和执着能够透过作品直击人心，不会撒谎。

第7章

为什么用首饰表达——以反思为主导的创作策略

CHAPTER 07

什么是以反思为主导的创作策略

在之前的4章中，我们介绍了以形态、材料、功能结构、叙事为主导的创作策略。从对个人情感、精神的观照，到对外部世界的再现、解读，以首饰为媒介的创作是没有边界的。这4个创作策略都是关于如何以首饰为媒介进行创作表达的，但是它们没有回答一个非常基础且常常被忽略的问题，那就是“为什么要用首饰表达？”本章所讲的反思，既是用首饰来反思，也是关于首饰媒介自身的反思。我们可借由这种反思来解释为什么需要表达的内容必须以首饰为媒介才能恰如其分。

反思首饰本身是对首饰定义的松动与重塑。正如荷兰艺术家 Ted Noten 所说：“首饰必须通过传统来打破它本身。”通过对首饰的反思，艺术首饰和人们传统观念中的首饰终于建立了联系和对话。在以反思为主导的创作中，首饰不是用来表现其他内容的媒介，而是内容本身，首饰的象征性、价值属性、身体属性、制作属性成了作品讨论的对象。更进一步，反思首饰本身也是对首饰所能折射的历史、文化、社会现象的思考。根深蒂固的传统和偏见将首饰与信仰、宗教、民族、身份、阶级深刻地联系在一起，使得首饰成为人类文化活动现象微缩而凝练的注脚，也让通过反思首饰进行的创作，具有了书写新注脚的可能。

对首饰本身进行反思的重要性在于这是艺术首饰独一无二的阵地。现代首饰虽然有光怪陆离的材料与令人眼花缭乱的形式，但其提供的视觉上的愉悦感可以被时尚首饰所取代；虽然可以观照内心与投射外界，但首饰所体现的思维浓度很难与可以轻易占有更广阔的空间与更悠长的时间的绘画、雕塑、装置、影像等相比。反思性的首饰创作从首饰出发，也许最终的作品不一定会回到首饰的形态上去，但是它们的创作动机深深扎根在首饰的土壤里，为缤纷的艺术世界提供了来自首饰视角的观察和表达。

不知你是否还记得第1章中讲到的身体雕塑这一概念的局限性？正是因为雕塑缩小之后并不具备首饰作为艺术媒介的独特性，所以将一件雕塑杰作简单地缩小并为其加上背针，不会使之成为一件首饰杰作。对于每个首饰创作者来说，我们可以使用身体雕塑这个概念，但也要清楚地认识到：首饰不是雕塑缩小后就可以取代的。

以首饰作为提问的策略

通过反思进行创作的过程就是提出问题与回应问题的过程。提出问题是从首饰的角度找到要讨论的议题，而回应问题则是创作者对此表达自己的观点和态度。发现问题有两种方式，一种是向首饰提问，例如首饰是否必须具有物质性？不可见的首饰具有怎样的意义？首饰如何短暂地存在？如何定义佩戴？另一种是通过首饰向外看，例如与首饰原料开采相关的环境污染、非法劳工等议题。创作者从首饰的角度进行具体而精准的提问，才能让创作自然而然地回到首饰的语境。

一个梦境、一本小说、一段回忆都可以成为首饰创作的起点，但对于以反思为主导的首饰创作来说，提出一个有价值的问题是作品成立的关键。这里所说的有价值并非是指反思的问题必须得多么宏大、深刻、影响深远，而是指反思的内容需要能够让部分观众产生共鸣、参与思考。因此，反思需要建立在传统认知和公共经验之上，而不是建立在完全个人化的情感和经历上，这样才能因观点上的碰撞产生值得反思的内容。

作为对反思的回应，作品可以是具有明确态度的宣言，或者提供一个新的看问题的视角，或者以对客观事实的戏谑和夸张，让观众自己去体会其中的荒谬。即使作品没有给出答案，创作者提出问题的方式就已经体现了创作者的态度。

观点传达的准确性

以反思为主导的创作策略对于内容传达的准确性具有较高的要求。对比叙事性首饰，叙事依赖观众的误读得以产生，但对于反思性的作品，如果观众根本无法进入创作者讨论的语境，不清楚作品讨论的对象，那么反思就无从谈起。

优秀的反思性作品，总能令人产生“怎么这么巧妙”“为什么我就想不到”的感叹。只有反思的内容被准确地传达，观众才能从创作者对司空见惯的事物提供的新视角、新观点中得到思维上的愉悦。因此，这样的作品往往在视觉效果上趋于简洁，创作者需要克制地使用每一个元素，减少多余元素对主旨内容的干扰。

反思性的创作过程可以类比为写议论文，创作者需要在毫无关联的事件中挖掘内在联系，从繁杂的表象中看到更深层次的问题。内容传递的准确性不能依赖审美能力实现，而需要理性的推导和判断。这并不意味着反思性的创作就一定是冰冷的、刻板的，它依然可以用诗意和感性的语言表达。但支撑作品的必须是具有逻辑的反思，否则作品就只能算作视觉上的装饰。

如何展开关于首饰的反思

以反思为主导的创作策略并没有材料试验、模型制作等具体的实践步骤。不同的创作者，甚至同一个创作者面对不同的议题时，其创作过程和表现手法都会有所不同。这就是为什么以材料、功能结构为主导的创作者可以持续地使用某种材料、功能结构进行创作，只需要在表现内容、手法、细节上进行调整就可以不断推陈出新（这并不意味着它们是简单的创作方式），如图 7-1 所示。但反观以反思为主导的创作策略的作品，它们甚至在视觉语言上都不统一。英国首饰设计师张翠莲（Lin Cheung）是以反思进行创作的艺术家中的典范。她不仅有风格冷静的金工类作品、糖果色的硅胶作品，还有以卷尺、擦银布、手套等为材料的综合媒介作品，甚至还模仿大众畅销书创作了《关于首饰所有你想问而不敢问的问题》（*Everything you always wanted to know about jewelry but were afraid to ask*），如图 7-2 和图 7-3 所示。因为对于反思性的创作来说，所有的材料、手法、形式都要为表达观念的反思服务。每当有新的议题出现在脑海中时，创作者都要以全新的思路去面对它的独特性，为此研究新的材料、掌握新的技能，而不是依赖过去的经验。

图 7-1

Speckner Bettina从21世纪初开始使用古董湿版火棉胶（一种以玻璃或金属板为基底的成像技术）照片作为首饰的创作材料。3个作品从左至右分别创作于2003年、2010年与2018年。从最开始直接使用古董照片（如左图）到将照片转印到珐琅中（如中图），以及近年来自己制作照片（如右图），她一直在寻求作品的画面内容、组合形式、细节处理等方面的变化，但照片一直是她使用的核心材料，其创作思路都是围绕照片画面展开的。

图 7-2

张翠莲于2010年创作的胸针作品《再次佩戴》（*Wear again*）。

图 7-3

张翠莲于2009年创作的作品《关于首饰所有你想问而不敢问的问题》。

◆ 开启首饰的雷达

怎样才能一次又一次地产生反思议题呢？我没有办法给出捷径和妙招，只能建议大家“多观察多思考”。当你长期沉浸在这种状态中时，你就会开启关于首饰的雷达，那些对于其他人来说稀疏平常的物品、画面、事件会突然向你发出信号，从而让你形成一小段关于首饰或从首饰出发的思考。所谓的灵感从来不是凭空乍现，而是日积月累、不知不觉形成的思想沙海中的一个偶然的闪光。通常情况下，回应的方式并不会立刻出现。最常见的情况是创作者不知道如何回应或从什么角度回应，用什么方式回应。有时则囿于材料、工艺、技术等条件的不成熟。但创作者只有继续保持观察、思考和学习的状态，才有可能发现合适的材料、技术、思考角度和表现手法，对曾经思考过的问题进行回应。

例如首饰艺术家李安琪的《泡泡它，吹吹它》，如图 7-4 所示。这个作品的起点来自她在为另一个作品打磨玉环的时候，发现玉环中间的圆孔总会出现一个吹弹可破的薄膜。这种情景对于打磨玉石的工人，甚至对于很多打磨过宝石的首饰创作者来说都是司空见惯的，但是李安琪一直保持着对首饰中孔洞的思考。孔使得一块石头成为可以被佩戴的首饰，钻孔并不影响首饰的价值，反而是这样的“虚空间”成就了首饰的价值。因此，她想：“如果一块石头上有洞，除了给它穿绳，我们还可以做什么呢？”玉环中的有着彩虹般色泽的薄膜，激活了李安琪脑海中曾经对孔洞的思考，被她浪漫化为吹泡泡的游戏，以此抵消玉石加工车间里的真实氛围——机械与枯燥。若单纯地从对孔洞的思考出发，她可能永远也推导不出这件作品。但没有这样的思考作为铺垫，在磨玉的过程中，即使玉石的圆孔中出现了薄膜，李安琪也绝不会想到将它引申为对于首饰的“虚空间”的思考。

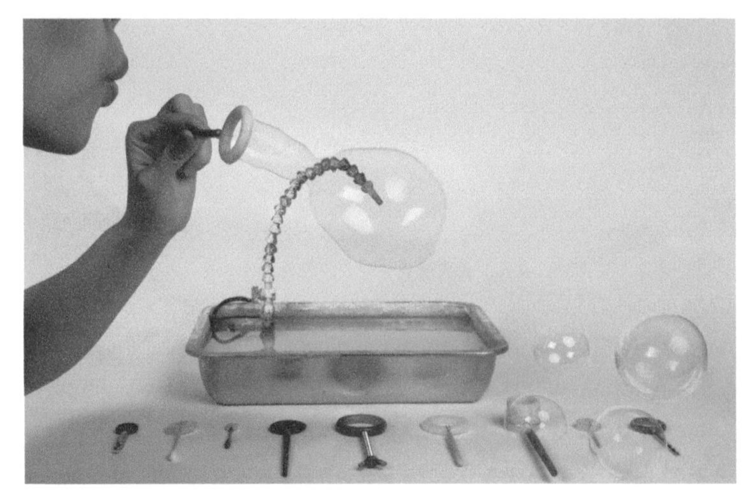

图 7-4

李安琪于2019年创作的作品《泡泡它，吹吹它》，这是一套可以吹出泡泡的玉器。玉石的部分来自现成的平安扣、袈裟环、玉扳指、玉车挂和玉戒指等，而手柄部分则来自玉雕工作台上的一些现成材料，如金刚钻头、笔杆、棉签和一次性筷子等。

吴冕在创作《金首饰》之前的 3 年，就已经知道了首饰工厂回收地毯的行规。起因是她在北京的某个首饰小作坊中看到有人用 5 万元回收一块被使用得破旧不堪的地毯（因为地毯在常年使用的过程中吸纳了大量的黄金粉尘，被回收后可以用来提炼黄金），如图 7-5 所示。她本能地产生了从这样的地毯上剪下一条，并将其缠在指尖的想法，因为那是真正意义上的“金戒指”。但这种形式的表现力很弱，观众无法从一窄条地毯中感受到与它破败的外表完全不相称的巨大价值。直到 3 年后，她在深圳参观了全国最大的黄金首饰加工工厂时才知道除了地毯，还有工人的手套、工作服，乃至中央空调的积灰和下水管道里的污垢，全都会被回收、提炼。这种震撼重新唤起了吴冕要用地毯进行创作的冲动，它们在本质上都是黄金的价值载体，如图 7-6 所示。很难说灵感到底出现在哪一个时刻，或者说灵感本就不是出现在某个时刻，而是源于一个持续不断的反思。

图 7-5

首饰黄金工厂的抛光车间的地面上铺设着地毯，每过几个月它们会被回收、焚烧，从中可提炼出一定量的黄金。

图 7-6

吴冕于2015年创作的作品，《金首饰》系列中的《地毯金|首饰工厂使用过的地毯含金1.65克》

如果让我对“多观察多思考”的过程给出一点具有可操作性的建议的话，那就是不要将首饰作为静止的孤立的物品去观察，例如只观察它的材质、外形、工艺，而应将它放在具体的环境与连续的事件中，追溯它的上游（例如原料开采、加工、生产）和下游（例如消费、展览、继承、馈赠），因为首饰在不同的环境中扮演的角色有所不同。在这个过程中，你会看到环境议题、文化议题、社会议题，会遇到形形色色的围绕首饰展开活动的人，因此首饰创作的视角变得非常开阔，如图 7-7 所示。

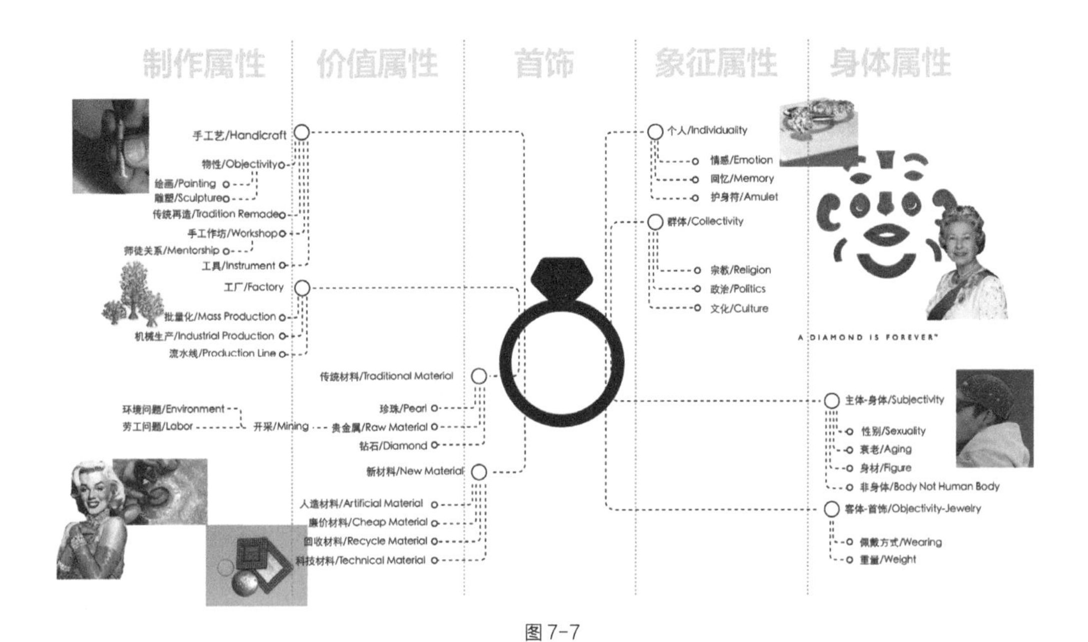

图 7-7

首饰议题图解。

◆ 首饰作为媒介的 4 个维度

另一个对反思的建议是从首饰的象征属性、价值属性、身体属性、制作属性这 4 个维度去拓展对首饰的思考。 每件首饰都是多重属性的复合产物，是一个有机的整体，但是在创作时我们可以主观地从一个属性出发，使作品反思的议题更加具体和深入。

◆ 象征属性

我们常常觉得艺术首饰的主要作用是为物质化、财富化的首饰赋予更多的情感内容与象征含义，但事实上象征属性不是我们赋予首饰的性质。与之相反，首饰本身就是人类的象征性思维的物态化结果，是作为判定人类开始具有现代性行为（Modern Behavior）的重要标志之一。当然，此时，将其称作首饰还为时尚早，在考古学与人类学中，身体装饰（Body Ornament）被用作身体涂料、染色、穿刺以及珠串佩戴器的统称，如图 7-8 所示，它们并非独立的审美行为，因此“首饰”最初的目的不是指向“美”与“装饰”的。简单地来说，如果打制石器让我们见证了古猿开始直立行走，解放出双手制作工具这一关键性的历史节点，那么“首饰”则可以作为最直接与显著的物证，让我们知道象征性思维这一重要的认知革命已经在智人的大脑中产生，并最终让他们成为真正意义上的现代人类。

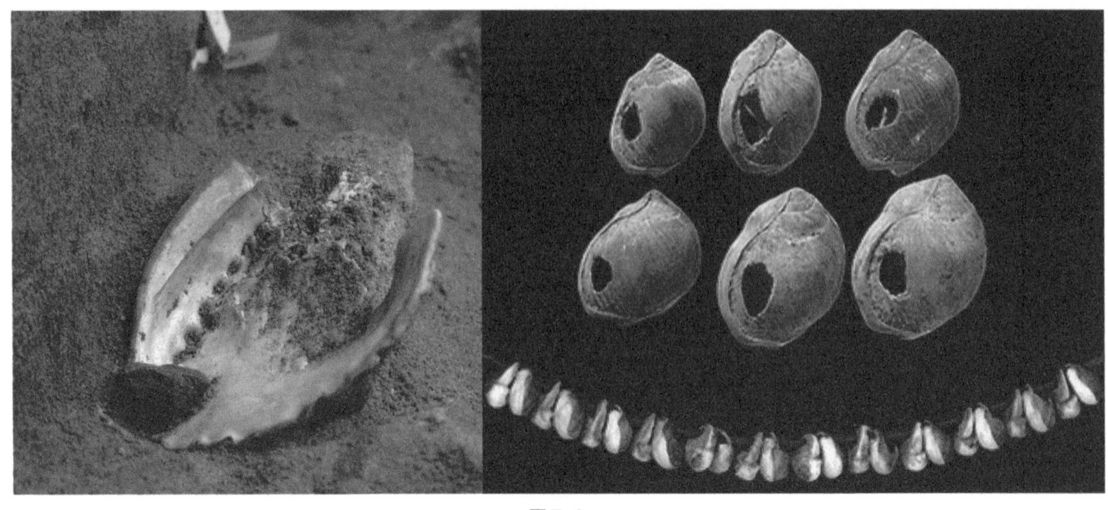

图 7-8

目前发现的人类最早的身体装饰遗迹，距今约75000年，该遗迹位于南非南部海岸线上的布隆波斯岩洞（Blombos Cave）。贝壳从远离海岸线的河边转移到岩洞中。它们的尺寸基本一致、开孔位置大致相同、洞形均匀，孔洞中有赭石染料和绳子磨损的痕迹。这证明原始人对它们进行了有目的的加工，并有意识地佩戴过它们。这也体现出原始人的大脑对形制、尺寸、节律、颜色等抽象信息均有反应，并能对象征内容进行加工处理。

首饰的象征性表现为它代表的所有首饰之外的东西，而在现代商业社会里，我们会说首饰的象征性已经消失了，但当我们看到因商业广告而缔造出的钻石神话时，我们会知道首饰的象征性并没有消失，它只不过换了一种形式出现，首饰转而象征财富、身份认同或者永恒的爱情。

因此，丹麦首饰艺术家 Kim Buck 在《想法更重要》（*It's the thought that counts*）中这样揭露一枚钻戒的本质：两个白色的珠宝盒里，一个盛放一圈没有镶嵌的裸钻，另一个则展示着一枚红色的爱心，如图 7-9 所示。这件作品来自金・巴克作为珠宝商的经历，到他的店里的购买者（通常为男性）往往不会准确地说出他们想购买的种类和款式，例如“我要买一条心形项链”“我想要一枚 0.3 克拉的祖母绿戒指”，而会说“我想要一件预算在 1 万元左右的首饰”“我们在一起一个月了，需要一件有诚意但不太贵重的首饰”“我想送女友一件首饰，它要能撑得起十周年纪念日的场面”。购买者用首饰展现自己的财力、表达自己信守承诺、表明自己看重某段感情，收到首饰的人（通常为女性）并不会直截了当地问这件首饰的价格，但她们感觉自己收获了亲情、友情或爱情。钻戒可以作为财富的象征被购买——裸钻，或作为真爱的证据被收获——爱心，但钻戒从来不代表它本身。

图 7-9

金・巴克的作品《想法更重要》。

在特定的群体中，传统首饰中的象征含义是约定俗成的公开信息，例如长命锁象征着对孩童的祝福与庇佑，克拉达戒指（Claddagh ring）象征着友谊、爱与忠诚，情人的眼睛（Lover's eye）象征着不可公开的、隐秘而炽烈的爱情，如图7-10至图7-12所示。首饰在历史长河中积淀出的象征含义正是创作可以利用的支点。通过对具有象征性的首饰原型进行"篡改"，创作者便可以在人们熟识的象征含义中加入或替换新的内容。在观众已经具备的常识和创作者所要传达的概念之间，首饰固有的象征性架起了一座沟通的桥梁。

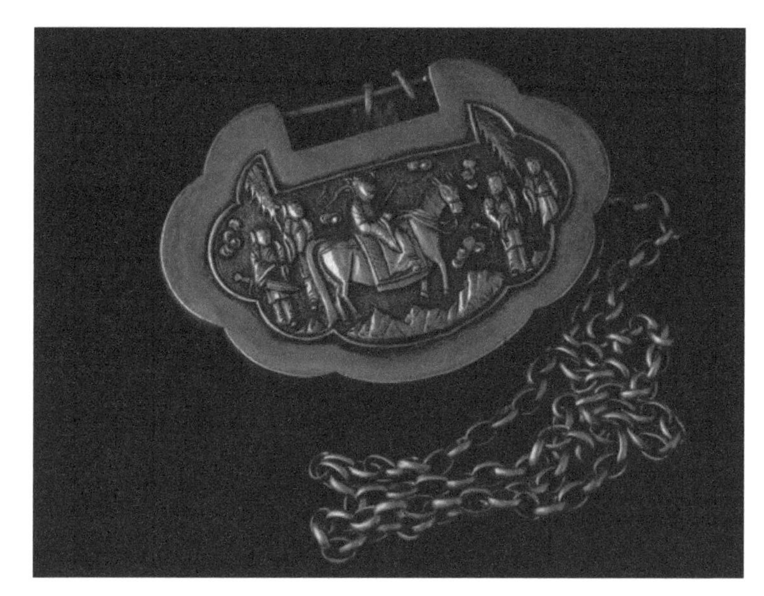

图7-10

"长命锁"是中国民间的传统配饰，呈古锁的样子，为新生儿佩戴。锁身上可装饰麒麟、龙凤、吉祥八宝、莲花蝙蝠、祥云瑞兽等纹样，期盼孩子健康成长、聪明伶俐、亨通富贵、福寿绵长。

图7-11

18世纪的爱尔兰克拉达戒指，其造型为象征友谊的手捧着象征爱的心，且心被象征忠诚的皇冠加冕。

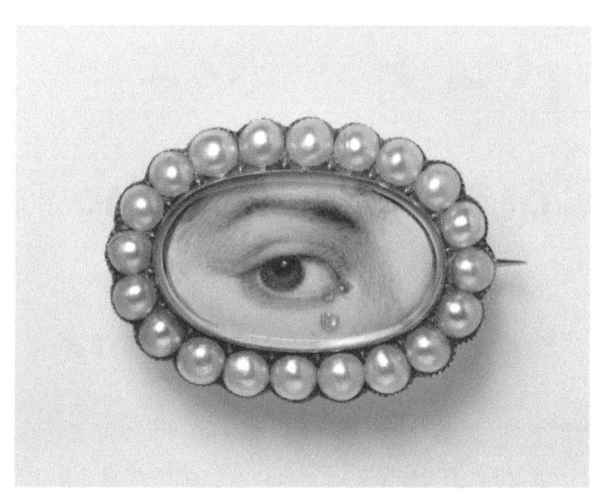

图7-12

情人的眼睛胸针，流行于18至19世纪的维多利亚时期。胸针上展示了人物的右眼，在不暴露任何面部特征的情况下，我们仍能通过眼神感受到他对爱人的爱意。

李安琪的《一鸣惊人》的首饰原型是汉代墓葬中的口琀，口琀常为蝉的形态，一般放在死者口中，象征逝者可以如蝉一般蜕变重生。但在生者的世界，以蝉为造型的玉吊坠则寄托着“一鸣惊人”的心愿。在生与死的两端，人们共享着同一个符号。李安琪用了一个微小而精确的动作，给玉蝉加上了一根棒棒糖棍，使其变得像一根棒棒糖，如图 7-13 所示，顿时陪葬品的肃穆感被消解了，死后重生的象征被拉回到最普通、真切的日常生活中。就像李安琪提出的疑问：“当一个人把玉蝉棒棒糖放进嘴里，他会感受到死亡的冰凉，还是生存的甜蜜？”她的另一个系列作品《21世纪玉组佩》，则是将象征君子的礼仪德行和身份地位的玉组佩进行了重组，使之呈现出网络社交中的颜文字表情的形态，如图 7-14 和图 7-15 所示。用现代的目光审度历史，会有新的含义被发现，比如两枚玉珏可以组成一个弯弯的笑眼，是否有古人也曾发现过这个秘密而会心一笑呢？

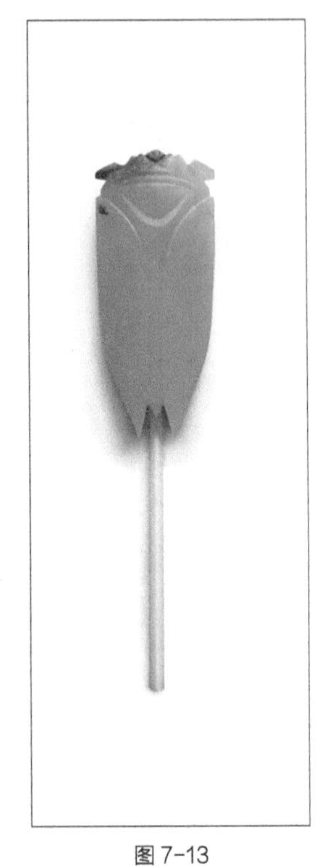

图 7-13

李安琪于2019年创作的《一鸣惊人》，使用的材料为和田玉、棒棒糖棍。

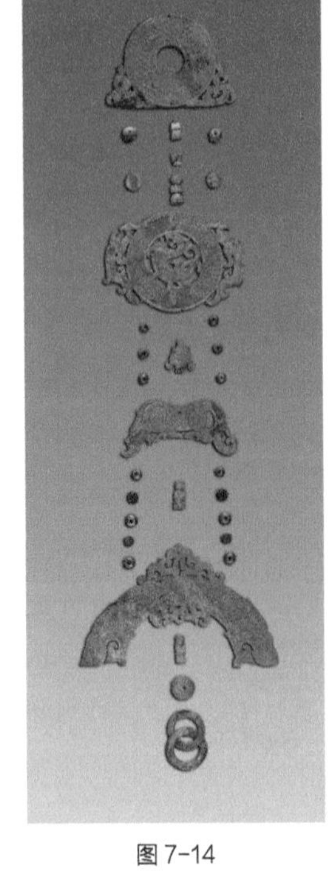

图 7-14

西汉南越王墓玉组佩。

图 7-15

李安琪的《21世纪玉组佩》，创作于2019年，使用的材料为和田玉。

正如前文所说，首饰的象征含义只在特定人群中有效，脱离了其所处的文化，象征含义也随之消失或被改变。因此，首饰作品使用的象征含义越具有普世性，能够读懂作品的人也就越多。但这并不意味首饰象征的本土性就只能是局限，它也可以赋予首饰作品文化身份与特色。除此之外，具有稳定象征性的首饰，其形制、材料、外观都已经稳定下来并成为表达含义的精准语汇，即使需要一定的文化背景作铺垫，它依然是一枚可以更加轻松地开启更丰富、更深层的信息的钥匙。

◆ 价值属性

首饰所要传达的象征含义通过首饰的价值属性得以实现。价值不是价格，首饰价值具有远比金钱价格更加丰富的含义。以桑给遗址（Sugir）出土的6000多枚象牙串珠为例，如图7-16所示，它们的价值体现在材料的稀缺以及在原始生产条件下耗费了不计其数的人工劳动。当它们一串、两串乃至数十串地被佩戴在一起时，其价值显著递增，最终堆叠出震撼人心的效果。因此这里的价值不完全是物质财富，而是对抽象概念的实体化，即将崇高感、神圣感通过串珠的巨大数量和隆重视觉效果变得可量化、可感知。当贵金属与宝石成为首饰的材料后，首饰甚至不需要将材料转化为任何象征符号，材料价值就是最本质的意义。

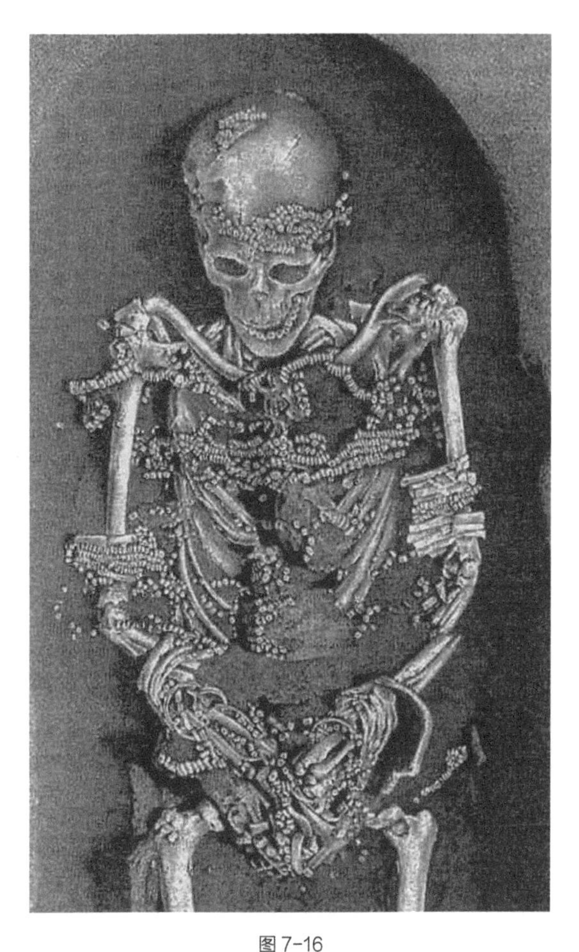

图7-16

桑给遗址位于莫斯科郊外，可追溯至旧石器时代早期的智人，距今2万~3万年。

Ted Noten的《100枚》（*100 pieces*）由奔驰汽车上切割下来的碎片制成，如图7-17所示，它们本身不过是一些普通的合金，但这完全不影响该首饰的价值的传达。该首饰的价值仍然来自材料，但这不是指天然的贵重材料，例如黄金、钻石，而是人们对于奔驰汽车价值的认知。制作该首饰需要报废一辆奔驰汽车，这种因破坏而获得的价值创造了极致而荒谬的奢侈感。Susan Cohn的《经过真实的路》（*Way Past Real*,1994），如图7-18所示，则需要观众在众多看上去一模一样的手镯中寻找唯一的纯金手镯。如果我们终究无法判断出哪个是纯金的哪个是镀金的（仅考虑视觉因素的情况下），对它们进行区分是否还有意义？黄金材料带来的价值感开始变得模糊。而在第二组作品中，则需要找到创作者亲手完成的那个镯子，则更是不可能完成的任务。由创作者亲手完成的镯子是否更有价值？如果我们动摇了对首饰材料价值的迷信，同时认可了创作者赋予首饰作品价值的特权，那么哪一种价值更加真实可靠？Otto Künzli 在《硬币》（*Changes*）中则直接使用了货币，他将在旅行过程中收集的来自各个国家的硬币表面锉平、抛光并做成吊坠，只有侧面细节与外轮廓还能表明它曾是一枚硬币，如图 7-19 和图 7-20 所示。硬币上原有的图案在创作者的锉子下灰飞烟灭，归于镜面，映照出每一个看向它的观众的脸。一个有趣的问题是，一枚一便士的硬币，在失去原有的图案后，变成了创作者的一个作品，它是否会变得更值钱？

图 7-17

Ted Noten的作品《100枚》，左图为从奔驰汽车上切割原材料的画面。

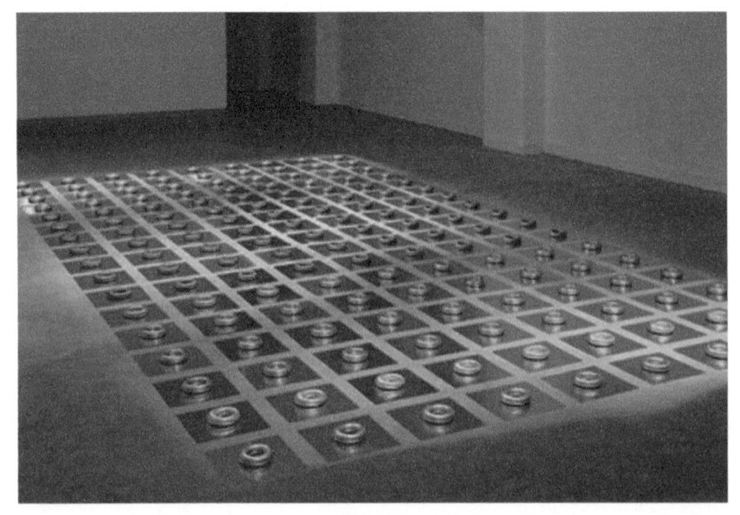

图 7-18

Susan Cohn创作于1994年的作品《经过真实的路》。

图 7-19

Otto Künzli的作品《硬币》。

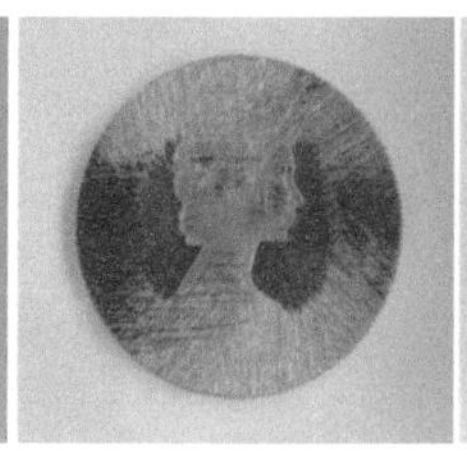
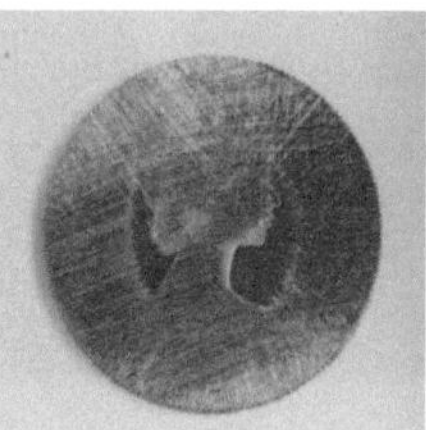

图 7-20

《硬币》的制作过程，一枚被打磨的于1984年发行的加拿大硬币。

这 3 件作品都打破了首饰价值来自金银珠宝等材料的铁律，但这并不意味着对首饰的价值属性进行反思只能使用非传统材料。接下来这件作品就将焦点锁定在了与价值密切相关的黄金身上。在美国首饰艺术家 Lisa Gralnik 的《金本位》（*Gold Standard*）中，她将各种各样的商品翻制成等大的石膏模型，并以与这件商品价格相等的黄金替换其局部。每件作品都有一块精心雕刻的铭牌，上面记录着这件商品的货币价值，开始制作这件作品时的市场金价以及黄金的克重，如图 7-21 至图 7-23 所示。她向我们展示了一个无处不在的商品社会，无论是一枚蒂芙尼的钻戒、一把古董小提琴，还是一束花、一袋咖啡，它们被隐去了与货币、价格、商品的密切联系，并被化为表达承诺的方式、陶冶情操的音乐、自我奖赏的一顿下午茶，从而融入了每个人的日常生活。而 Lisa Gralnik 却将隐去的部分用黄金再一次物质化，石膏翻制去掉了商品原本的使用价值，黄金则赋予商品无形的货币价值以具体形态和重量，这也正是她将这一部分创作命名为《商品化与可感知的经济》（*Commodification and Sensible Economy*）的原因。这个系列不只停留在对客观价格的视觉化再现上，从商品的挑选到黄金占比，都经过了她颇有意味的处理。例如蒂芙尼钻戒太过昂贵以至于它全部都变成了金的（甚至还需要加上一条金项链），这显然是在讽刺由人为的商业宣传战略缔造的钻石神话；而吸尘器上只有一点点黄金，这象征了被社会普遍低估的家庭劳动和家庭主妇的价值，如图 7-24 所示。

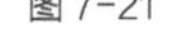
图 7-21

Lisa Gralnik的《金本位》系列中的小提琴。

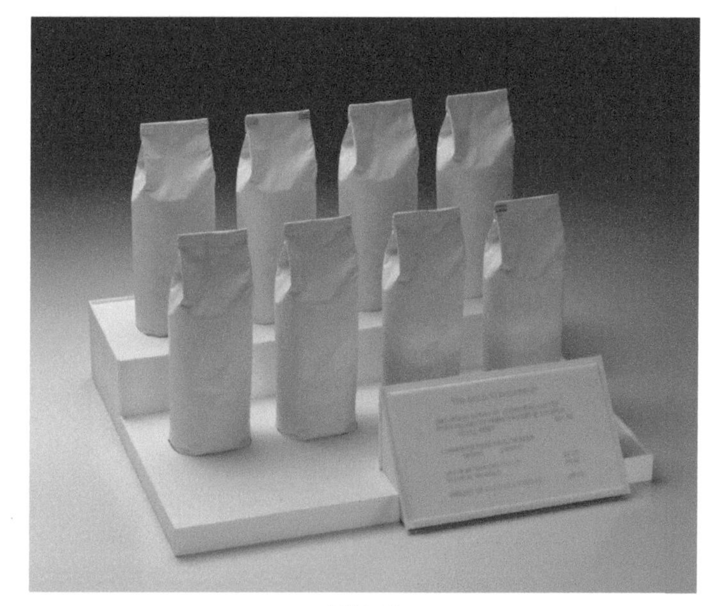

图 7-22

两个月的星巴克咖啡消耗量（8袋），包装袋的金属封条中有3处被置换成了黄金。

图 7-23

一枚蒂芙尼的钻戒局部，铭文上标记着该钻戒为蒂芙尼铂金订婚钻戒，价值2500美元。2004年10月1日，英国市场金价为424美元每盎司。该作品使用了7.86盎司18K黄金。

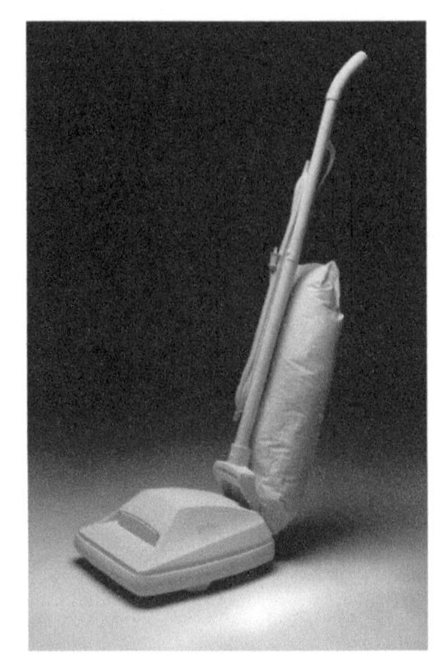

图 7-24

《金本位》之《吸尘器》（*Hoover Vacuum*）。

◆ 身体属性

身体属性是首饰区别于其他艺术媒介的重要属性。首饰作为纽带，构建了创作者、佩戴者、观看者三者之间缺一不可的内在关系。正如 Liesbeth den Besten 所说：“佩戴者是首饰移动的展台。”从这个角度看，佩戴者的身体可以作为首饰表达信息的媒介。最典型的例子是 Carolina Vallejo 的《七宗罪》（*Jewelry for the Seven Sins*），如图 7-25 和图 7-26 所示，模特的身体因佩戴物件而呈现出特定的姿态，例如延长的十指导致双手牵拉着拖在地上；铠甲一样坚硬的项饰让头颅一直高傲地扬起。7 种不同的身体状态暗示了 7 种罪行，若离开了身体，这组作品所要表达的内容就无法传达给观众。身体可以将首饰的效果强化与放大，因此是创作者可以使用的有效材料。

图 7-25

Carolina Vallejo 于2001年创作的作品《七宗罪》系列之《懒惰》。

图 7-26

《七宗罪》系列之《傲慢》。

以身体属性进行创作的另一个方向，是将身体作为研究对象，讨论身体边界、佩戴定义、再造身体等议题。例如德国首饰艺术家Gerd Rothmann的《鼻子的里面，以丹尼尔·福斯班为模具》（*The inside of the nose, molded on Daniel Fusban*），如图7-27所示。他以身体的负空间为原型，创作出了可以被佩戴的物质实体。德国首饰艺术家Gisbert Stach在《试戴》（*Fitting*）中用视频的方式记录了一位女士不断试戴项链的过程，如图7-28所示。越来越多、越来越粗的项链压得她喘不过气来，夸张地展现了过度装饰对身体的束缚和压迫。

图7-27

Gerd Rothmann的《鼻子的里面，以丹尼尔·福斯班为模具》。

图7-28

Gisbert Stach的《试戴》中的视频截图。

除此之外，还有许多艺术首饰不能被真实的身体佩戴，但我们仍然会想象那个不在场的身体，并思考这些首饰为什么不可以被身体佩戴，它们是否可以被非常规的身体佩戴，它们如何在被佩戴时与身体产生交流等。例如Kim Buck将被典当的结婚戒指焊接成了一个爱心，它因过于沉重而不能被佩戴，如图7-29所示。这里的沉重具有物理与心理上的双重含义，无法佩戴正是创作者试图传达的内容。Liesbet Bussche的《珍珠套装》（*the Pearl Kitting*）呈现的则是存在于地图上的一条珍珠项链，如图7-30所示。跟随GPS（Global Positioning System，全球定位系统）的导航带领走完这条路线，你就可以拥有它，此时，首饰的佩戴对象从人的身体转换到了城市物理空间。创作者以一个浪漫的比喻，将首饰的创造从制作生产转化为观察发现。

图 7-29

Kim Buck于2005年创作的作品《金心》（*Gold Heart*）。由多枚典当掉的结婚戒指焊接而成，它们代表着亲人离世、离婚等情境，因此这颗心不仅物理重量上是重的，其象征含义也非常沉重，以至于不能被佩戴。

图 7-30

Liesbert Bussche于2013年创作的作品《珍珠套装》，创作者围绕着阿姆斯特丹周边寻找写有“珍珠（DE PAREL）”一词的广告牌与店招，并用GPS记录了路线。

◆ 制作属性

首饰的制作性被刘骁归纳为“除去首饰的一切创作主题和表达象征，剩下的材料、结构、制作过程与工艺”。这类似于后现代主义理论奠基人 Clement Greenberg 对于绘画的本质属性的判定——平面性。在二维平面中人们用虚实、明暗、透视等手法模拟出实体与空间，使得绘画努力模仿其他媒介（例如雕塑、建筑），从而被迫否定了自身的媒介特质。再现对象世界和描绘神话传说则使绘画成为讲故事的方式，绘画因此脱离了媒介，转向了题材。如何绘画固然重要，但画面的内容则是决定“美”和“艺术价值”的先决条件。在 Clement Greenberg 看来，绘画必须摆脱前文所说的对空间的模仿与题材内容的限制，而获得一种媒介内部的自律与自治——不以外部参照世界的“像不像”或以画面内容的“美不美”作为对绘画进行评判的标准。因此，他认为不模拟空间也不传达内容的抽象表现主义绘画是最纯粹、最精神性的绘画形态，这类绘画作品如图 7-31 所示。媒介对于任何一种艺术形式而言都是一把双刃剑，如果将它作为艺术观念通向观众的途径，或我们需要通过它抵达思想与思想相互交融的彼岸，那么它就是装载观念的船只，或快或慢，或直接或迂回，但它不是我们的目的地。诗歌媒介就是一艘高效快艇，文字媒介与视觉接触的刹那，它所传达的观念也一同显现。所以，Percy Bysshe Shelley 认为诗歌在所有艺术之上，其媒介接近于没有媒介。

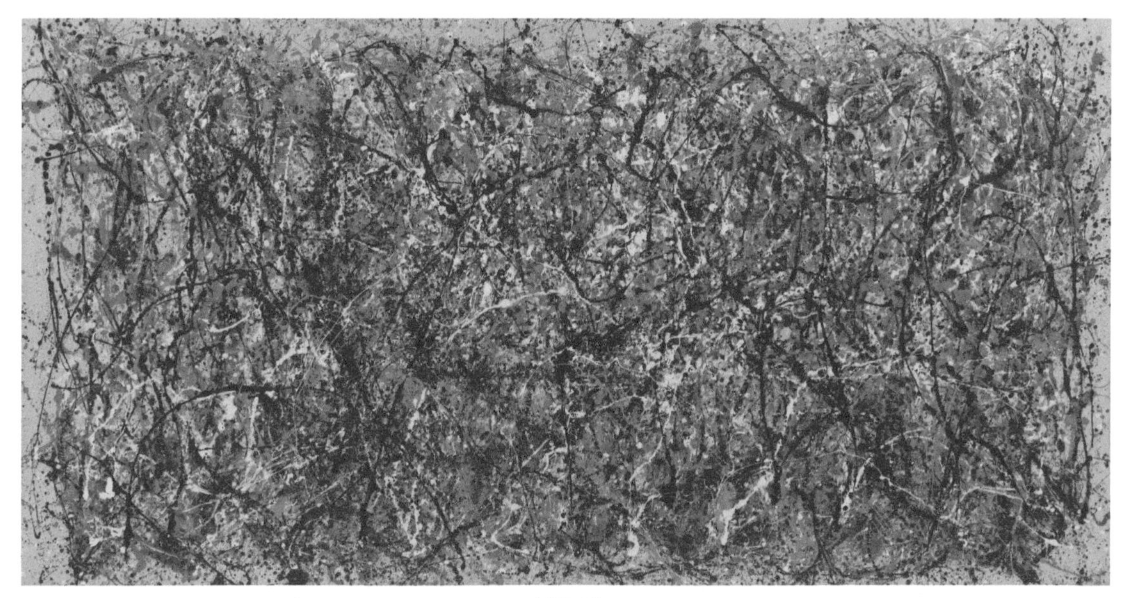

图 7-31

Paul Jackson Pollock的《第31号》（*One：Number*31），创作于1950年。Paul Jackson Pollock是美国抽象表现主义最重要的代表人物之一。

那么首饰媒介在表达的过程中毫无疑问是缓慢而迂回的，它显然不是表达工具的上乘之选。在首饰的语境里，普遍来说它的物质媒介集中于贵金属与宝石，虽然当代首饰早已完全颠覆了这一点，但正是因为它们是传统首饰媒介最显著的物质特征，所以对它们发起的挑战也具有了反思媒介自身属性的意义。除了物质材料之外，还有物质材料生成的过程（在 Clement Greenberg 的理论中，物质生成亦被排除在媒介的纯粹性之外，因此 Paul Jackson Pollock 在绘画过程中的行动性在他看来反而是破坏纯粹性的）。对于首饰来说，它们是种类繁多的传统工艺，例如花丝、珐琅、錾刻，以及在工业化首饰语境中更为普遍，但隐于光彩夺目的珠宝首饰背后的冲蜡铸造、油压钢印、工厂流水线等，如图 7-32 至图 7-34 所示。它们仿佛将首饰从我们一直想要为其安身立命的当代艺术领域一下子拉回到了具有明确边界的“工艺产品”。这并非是首饰的“诅咒”，这种“障碍”也使得首饰成为它本身——“艺术的纯粹存在于接受特定艺术媒介的局限”。因此，聚焦于首饰的制作属性的创作，恰恰提供了首饰媒介自我观照、自我对话的视角。

图 7-32

从左至右分别为花丝工艺中的掐丝、填丝与花丝成品图片。图片由起承文化提供。

图 7-33

从左至右分别为花丝工艺中的掐丝、填丝与花丝成品图片。图片由RMD工作室提供。

图 7-34

从左至右分别为冲压机、冲蜡铸造与制链机。图片拍摄于工厂。

正如前文提到首饰制作拥有传统手工艺与机器大生产两条并行的线索，它们是如此紧密地结合又相对独立地抗衡。虽然机器化生产在数量和市场上占有绝对优势，但提供个性化、定制化、艺术化的手工作坊——无论是珠宝工坊还是艺术家工作室，在首饰领域中依然扮演着不可替代的重要角色。相较于手工定制家具或服装，首饰以其微小的体量、与个人的亲密性和高度的情感象征，使它在后工业时代的大环境中得以保留相对完整的手工作坊生态。它为渴望在有思考、有创造、有价值的手工劳作中获得快乐和尊严的人提供了一隅避风港，他们是渴望成为“匠人”的人。在 Richard Sennett 的《匠人》中，他对匠人这样描述道：“他们努力把事情做好，不是为了别的原因，就是想把事情做好而已。”而 John Ruskin 在《建筑学的七盏明灯》中为苦恼的匠人指出的第一盏灯——“牺牲之灯”——亦是指将自己奉献在做事情本身之上，而通过做事情所获得的利益和价值不是唯一的目的。在 John Ruskin 的时代，机器取代了无数能工巧匠，他们不得不放弃一身手艺，沦为被捆绑在流水线上的“劳动之兽”，“手工劳动”成为生产中的不安定因素。科技发展旨在取代人类“劳动的手”，它宣扬解放生产力，让人们从事更多富有创造性的工作，而事实上我们看到的是渴望劳动的“手”无处可去。这是因为劳动与制作中包含的思考、创造、革新往往被忽略了，它们被视作缺乏大脑的执行者，可以被机器取代。在这样的思想的指导下，脑与手割裂、设计与制作脱节。设计的大脑被困在平面图纸与三维软件中，图纸上的一根线条如何对应到现实尺度中，大笔一挥的颜色如何转化为真实材料的色彩，电脑软件中的一个生成命令到底产生了怎样的形态，这些并不被一些创作者真正理解。在“工匠精神”被滥用成为一种商业话术时，首饰工坊为我们暂时守住了带有理想主义色彩的昨日梦乡。在小型工作坊中，手与材料触碰，它们拥有质感和温度。工具被使用、制作与研发，体量和重量被感知，手工创作者从中自然而然生发出对形态、结构和材料的思考，并培养出健康的劳动动机，因此手工劳动并不是低级的工作。

那么我们如何从制作属性着眼，对首饰进行具有反思性的创作呢？以目前大热的传统手工艺再造为例，我们能看到最多的案例（无论是商业首饰还是艺术首饰）都是在以传统工艺表达新的内容与形式。在对传统工艺的继承、延续与推广中，这种方式毫无疑问具有重要的价值。例如，潮宏基推出的花丝糖果手链，在保留花丝透空精细的工艺特点的同时，弱化了惯常会出现的繁复累赘的效果，以简约可爱的造型适应现代审美和生活习惯，如图 7-35 所示。这种方式主要还是采取了商业首饰设计中“以形态为主导”的创作策略（参见第 3 章），延续了以首饰为媒介表达其他内容主旨（例如吉祥符号、美好寓意、赞颂自然等主题）的基本思路，但是这仍然不是对首饰及其制作属性的反思。

图 7-35

由潮宏基联合佐藤大工作室与起承文化出品的CHJ花丝糖果系列手链。

因此，我们对制作属性的反思需要着眼工艺本身的特质、工艺制作流程与工具，以及围绕工艺展开的生产活动和从事工艺活动的人。

还是以花丝工艺为例，任开的《什么是花丝工艺》与李颖臻的《万相》为我们展现了创作者对于首饰工艺本身的思考，他们都常年钻研传统花丝工艺并娴熟地驾驭了这门技艺。

凡是制作过花丝的人都知道，它的制作工艺复杂、耗时费眼，极尽精微，而成品华美繁复，十分脆弱易损。近年围绕它是否可以被复制、被批量生产，机器生产的“泡匹”是否可以被视作花丝，它固有的工艺特色与现代审美的冲突，它的高成本投入与低效产出的矛盾，以及它是否可以被市场化、是否需要被市场化的讨论源源不断。任开的《什么是花丝工艺》似乎一切都要和花丝原本的工艺特征对着干。他使用的是机器生产的泡匹，他将松散的花丝压制为致密的网状金属板，最后塑造成与花丝的纤弱感极其相悖的榔头的形态，而且焊接出的金属凸起线是传统花丝工艺中极力避免的（传统花丝工艺讲究焊药干净、隐藏焊接），是他有意为之的形式语言。这些金属凸起线如同布料之间的缝合线，常常被隐藏于衣服之下，而任开选择将其反转暴露出来，如图 7-36 和图 7-37 所示。所以什么是花丝？在任开看来，它不必是华美精细的结果，而是以极细的金属丝线为基础，用匠心对待、精心制作的过程，除此之外，一切皆是自由的。

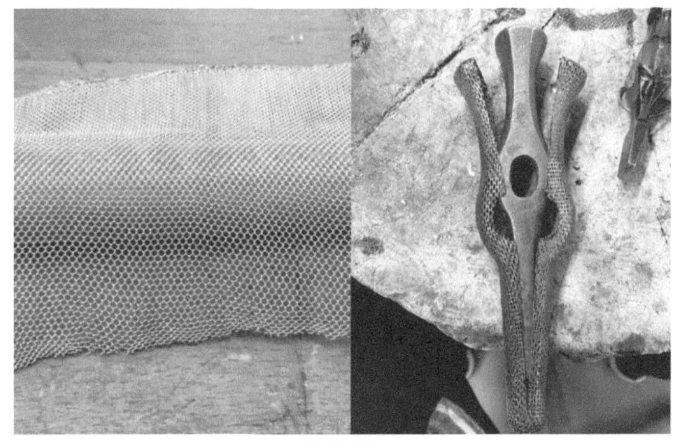

图 7-36

《什么是花丝工艺》的制作过程，左图为原始泡匹，右图为使用压制过后的泡匹并以榔头为模具塑造的成品。

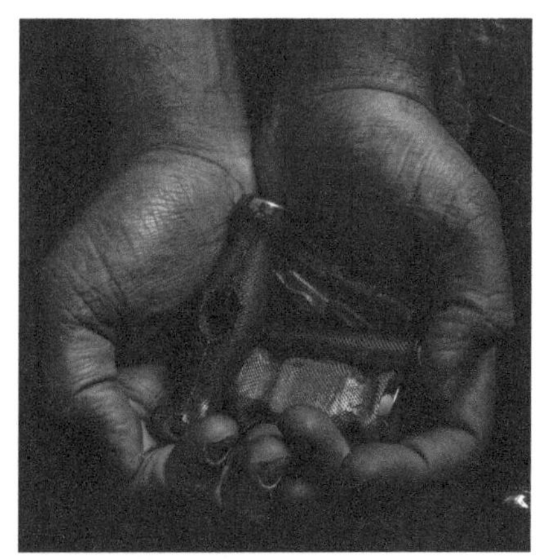

图 7-37

任开的《什么是花丝工艺》中的每一个“榔头”都可以被穿上绳子，成为一件项饰。

李颖臻的《万相》很好地体现了理查德所谓的 “领域转移”，这是理查德自创的一个词，是指人们改变工具的原有功能，将其用于完成别的任务，或者将一种实践的指导原则应用于其他完全不同的活动。李颖臻对花丝工艺做了两次领域转移：第一次，她用软蜡将实体花丝转变为负形肌理；第二次，她用透明珐琅将肌理原本的颜色转换为深浅不一的颜色，如图7-38至图7-40所示。她希望得到的反馈是“你的作品很特别，它是怎么形成的？”而不是“你的作品看上去好复杂，你一定花了很多时间”。因此，她仅保留了花丝最打动她的部分，那是她对于花丝最初的印象：均匀却不机械的肌理，像极了小时候姥姥为她缝制的一针一线。由此，她对花丝的翻制不再是为了省时省工的被迫之举，而是为弱化复杂的焊接结构的有意为之。这组根据花丝的工艺特征产生的作品，最终将花丝常常暴露在外的制作细节隐于色彩与肌理之中。在这个过程中，作品的“工艺感”不再被工艺自身所支配，而服务于创作者所要表达的内容。

《匠人》中还有一则小故事，画家Edgar Degas对诗人凡娜·马拉梅说：“我有个很好的想法，是关于一首诗的，但我好像写不出来。”马拉梅回答道：“亲爱的，诗不是由想法构成的，它是由字词组成的。”同样，首饰不存在于图纸、渲染图上或概念里，首饰由材料、工艺、运用工艺而触碰到材料的手制成，首饰存在于制作中。

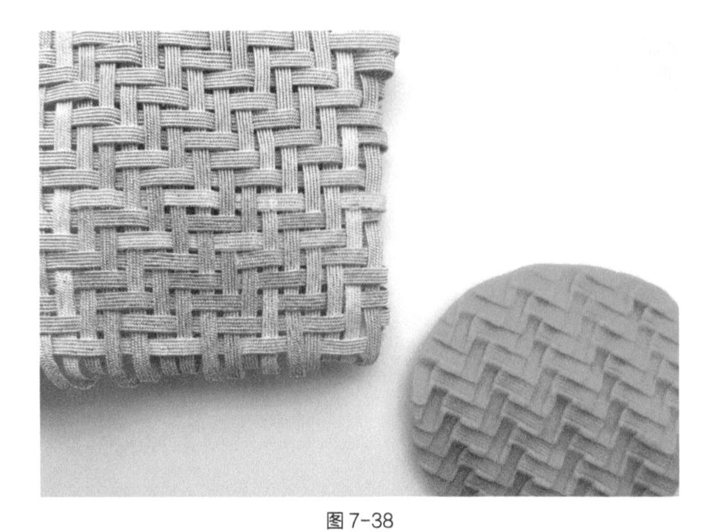

图7-38

左边为练习编制的银花丝，右边为用软蜡进行的翻模试验。

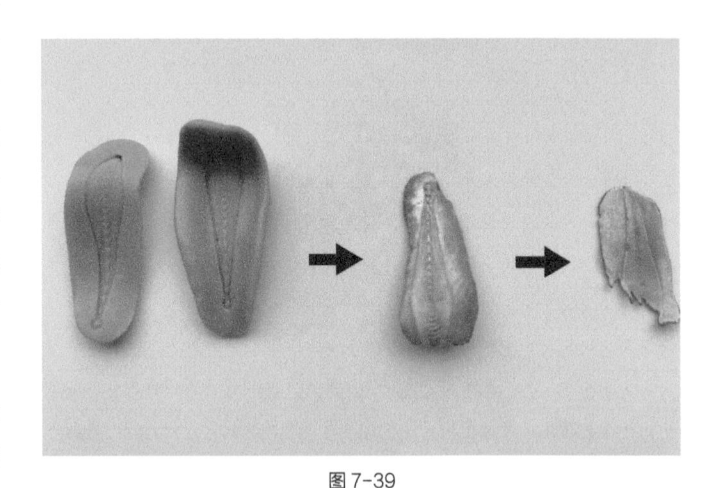

图7-39

花丝通过软蜡翻制为带有肌理的银质胎底，接下来则要进行珐琅烧制。

图7-40

《万相》挂坠，创作于2020年，使用的材料为银和珐琅。

精准而克制的动作——以刘骁的创作为例

刘骁近年来的作品可以说从各个角度在对首饰或者用首饰进行了反思。关于首饰本身的，例如首饰的功能转化、首饰的灵魂；关于社会的，例如消费文化、环境污染、疫情；抑或将首饰置于社会关系之中，例如传统錾刻工艺的师徒传承，学院派强调的创作主体与传统手工匠人的自我认知的比较。每每看到他的作品，我总惊叹于他能用一种看似轻松的方式将他的观点表达得掷地有声，四两拨千斤地撬动固有认知，引发观众的思考。而这种轻松来自他的精准的切入角度与克制的处理手法。在前文中我们了解了以反思性为主导的创作在思路上的各种可能性，接下来我们将聚焦于刘骁的创作中如手术刀一样的精准而克制的动作。

第一件作品是《福袋 2020：神农本草经》，如图 7-41 所示。在当下，口罩和疫情有着显而易见的联系，它首先是必不可少的医用物资，能起到最基本的防护作用。但在全球疫情跌宕起伏的发展过程中，它往往成为事件的焦点，被加上了多重的、复杂的含义。它承载着“山川异域，风月同天”的爱心见证，也展现了举国之力恢复生产的硬实力。口罩成了生活必需品，也成了离不开的安全感。它是一种物质材料，而在当下更是一个象征符号。在材料自身的含义已经非常丰富的前提下，刘骁为自己定下的规则是尽可能地保留材料的本质特性，不用暴力破坏它，例如避免采用材料试验中经常使用的拆解、打碎、焚烧等手法。他几乎只给自己留了一个动作的余地——折叠，并且是郑重地尽量平整地折叠口罩。一方面，这个动作消解了口罩原本的外形，但完整地保留了口罩的材料，即蓝色的喷绒布和白色弹力棉绳，这比只使用口罩的外形作为象征符号更加有效，它们关联的是具体的、真实的、细致入微的体验。如何在口罩下呼吸，呼出去的气如何凝结在布面上形成露珠，弹力棉绳如何挂于耳后，所有由材料自身唤起的对于口罩乃至由口罩带来的关于疫情的一切回忆都让它的象征传达更加有力，内涵更加丰满。另一方面，反复郑重的折叠行为为口罩增添了一层仪式感的光晕，这和现实使用中它必须是一次性的并应在用完后立即丢弃是完全相反的。但是要折成什么样子呢？刘骁并没有明确的目标，只是想要尽量整齐。在折叠了无数次之后，其中有一次口罩呈现的形态让他联想到了祈福用的福袋。口罩与福袋都以纤维为基础材料，这是两种符号之间进行转化的天然媒介，祈福消灾的象征含义被自然而然地赋予到口罩上来，棉线耳挂也被转化为福袋上的绳结。所有的动作都完全符合刘骁的设定，口罩被完整地保留，没有缺失任何的部分，原材料直接暴露却被赋予了新的含义。刘骁用金线将《神农本草经》细密地缝制在福袋中，这表明所有辟邪消灾之物在这个时期似乎都不及一枚小小的口罩真实可靠。

图 7-41

《福袋2020：神农本草经》，使用的材料为医用外科口罩、神农本草经内文、桑蚕丝。

另一件作品为《21克》，如图7-42所示。基于一次展览的主题“灵魂的重量——21克”，刘骁对自己提出了这样的问题：什么是首饰的灵魂？灵魂本是一个虚无缥缈的概念，他却用非常物质的方式回答了这个问题——“孔”是首饰的灵魂。并且它不是一个抽象概念上的孔，而是有着切实可依的具体形态。其形态来自新石器时代的原始玉器，并不像现代机械钻孔一样通体笔直、孔径相同，由于采用双面锥钻的方式，即从石砾的两面分别向里钻孔，它呈现出两个外大内小的倒纺缍形，并且因为不能精确地交汇于一点而产生错位，如图7-43所示。一块石砾与一件首饰最初的差别，就在这小小的、不起眼的孔洞中。它是历时漫长的人类劳动，是高超先进的工艺技术，佩戴于身体之上的自然对象是超然于物质生产（对应着主要用于开凿、攻击等实用功能的打制石器）的观念与幻想的凝结，是思维的一跃。刘骁的动作依然是克制的，在保留玉石材质与原始孔洞形态的基础上，他只做了一个动作，将这个常常为人忽略的负空间转化为正形，并做成重量为21克的项链。因此，它成了可以被凝视的对象——凿刻的旋纹、凹凸起伏的肌理、歪歪扭扭的形态。借着它我们仿佛可以看到一双万年以前的手，娴熟地将玉砂置于石砾之上，用锥钻反复研磨。此刻，石头被转化为一件首饰、一个符号，灵魂也被注入其中。

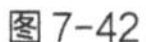

图7-42

《21克》项链，材料为墨玉和银。

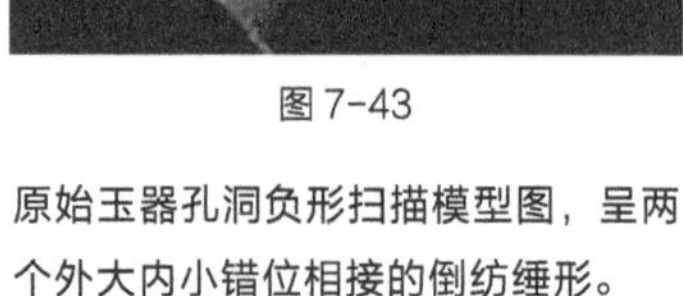

图7-43

原始玉器孔洞负形扫描模型图，呈两个外大内小错位相接的倒纺缍形。

在这两件作品的创作中，我们都能看到精准而克制的动作，它们体现在刘骁准确地选择让什么“不动”与让什么“动”。“不动”是指保留口罩的材质与福袋的形态，玉石的材质与孔洞的形态。在刘骁的其他系列作品中我们同样能看到相似的处理，例如《不死的符号》中的玉覆面，《九龙壶》中的模板“银皮子”都保留了其固有的形态，如图7-44和图7-46所示。而“动”是指口罩到福袋的转化，负空间到实体的转化。例如《不死的符号》中的玉石材料被热压的塑料购物袋所替代，古人崇尚的灵魂不死在这个时代被真实的物质不灭所取代，如图7-45所示。《九龙壶》中的錾刻过的模板经过高清扫描、艺术微喷，其尺寸被放大到远远超过九龙壶零部件的尺寸，呈现出一种类似国画扇面的效果。在錾子无数次的起落之下，工匠师傅们早已内化于心的画面中是否也有真情实感的流露，而可以让我们用欣赏文人画的目光去重新发现它们？如图7-47所示。

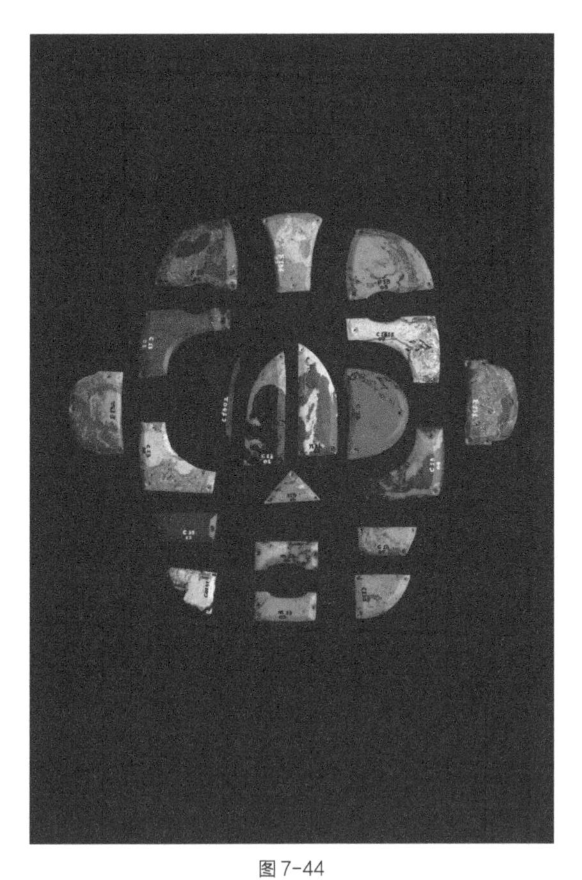

图 7-44

《不死的符号》形态来自玉覆面。

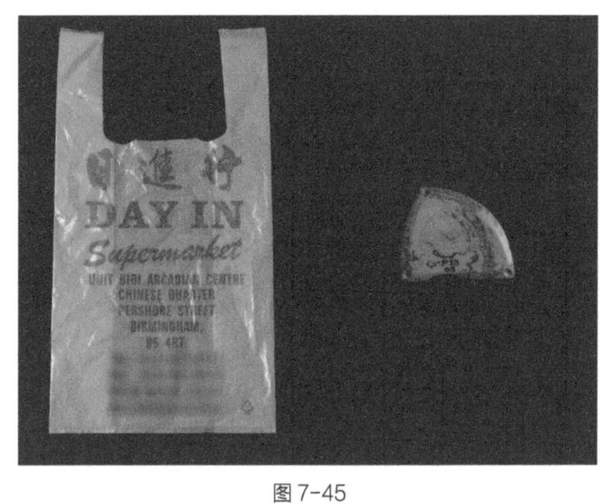

图 7-45

《不死的符号》使用的材料为收集来的塑料购物袋，借以反思当下普遍无意识的消费习惯和行为。

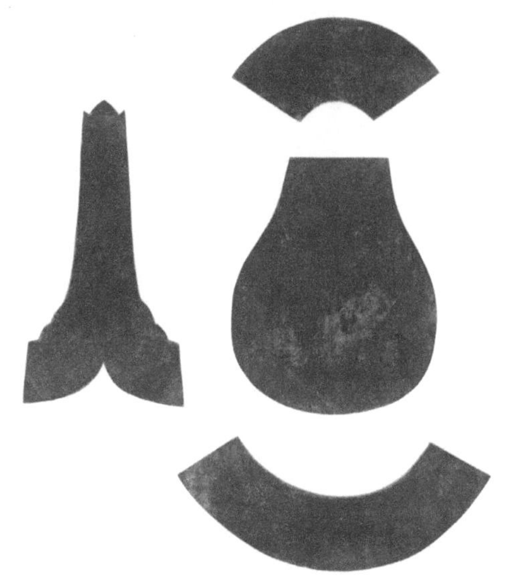

图 7-46

左图为九龙壶，是白族錾刻工艺大师寸发标费尽心力研发而成的代表之作，被发展为当地手工银器产业的经典形象，亦是一段师徒关系的承载物。右图为制作九龙壶的“银皮子”模板。九龙壶制作之初为拆解开来的平面素银片，这些银片经过錾刻圆雕形成各个部件，最后被围合焊接成完整的壶的形态。

图 7-47

《九龙壶》，艺术微喷。刘骁以九龙壶的模板为创作载体，由寸大师及其徒弟在一片银片上即兴錾刻，呈现他们当下的所思所想。錾刻完成之后，刘骁再引导其把各自的感受用文字直接写在银片上。刘骁意图在当代艺术的语境中探讨当前时代下传统工艺背后师徒关系的状况，传统技艺与创作者的关系，以及传统技艺与当前时代状况的关系。

即使是“不动”，也并非简单地照搬原样，或者凭空想象一个大致的形态，例如随便选一个福袋的样子，或者想象一个原始玉器上的孔洞。刘骁是在进行了大量个体形态的考察后，再主观地归纳与创造出一个比某件具体之物的特征更加明显、形态更加经典的原型（Prototype）。而每一次“动”都发生在材料与概念之间的契合处，以进一步强化概念的传达。例如《2020 福袋：神农本草经》中以口罩耳挂编织的绳结，这个细节并不是所有的福袋都有，但它的加入让白色棉绳成为一个合理的存在，同时增加了福袋的细节特征。《不死的符号》中每片玉石都可以被当作吊坠佩戴，且形式简洁，色彩鲜明。但玉石边缘的标记明确地指向了出土文物编号，令人肃然起敬。严肃的文物感和轻松的配饰感，正是刘骁故意制造的矛盾张力，如图 7-48 所示。《九龙壶》上师傅们写下的感受，既是将匿名工匠的“自我”显性化的过程，也在形式上呼应着文人画上的题跋。

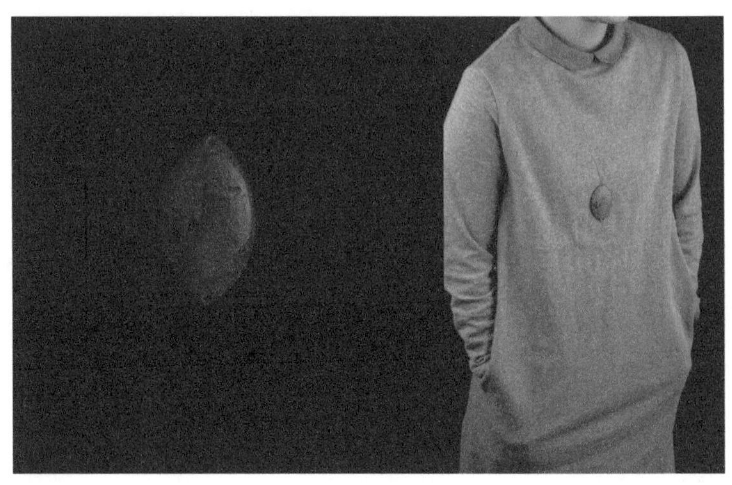

图 7-48

刘骁根据每一片玉石所处的面部位置和制作顺序进行编号，并用油性笔标记在玉石边缘。右图为佩戴效果。

“不动”的内容是观众已有的知识背景，它们一步步将观众引入作品。而在熟悉之中突然出现的“动”的内容是陌生的，需要观众进一步思考“动”的原因和目的，这正是创作的题眼所在。太多的“不动”会过于常规直白，过多的“动”又难免晦涩，“动”与“不动”恰到好处的平衡将会给观众带来解谜般的思考乐趣。创作者的意图隐于克制的视觉呈现之下，但只需三言两语的提点，所有的处理——形态、材料、肌理、结构就会串联成通顺的线索，让人有一种豁然开朗的快意。

第 8 章

创作小贴士

CHAPTER 08

本章将会提供一些创作实践中的具体的建议，有的方法具有针对性，例如“技术性想象”适用于以材料为主导的创作策略，还有一些建议和方法则不拘于某种具体的创作策略。事实上艺术创作的过程是非常个人的，并没有公式可循，方法也因人而异，但在你毫无头绪或遇到困难时不妨采纳一下这些建议，或许会有所启发。

技术想象

第一个建议是关于纯粹的材料试验的，即不为既有主题寻找合适的材料与处理手法，而是以材料试验为出发点进行创作的方式。和材料合作就要学会接受意外、期待意外、发现意外、把握意外。每一个愿意与材料打交道的创作者都是冒险家，对不可预知一往无前，对不确定保持开放的态度，对偶然和意外充满好奇与信心。

Francis Bacon是这样谈论意外的——“我不画，开始的时候我只是涂上各种形状的点。我在等所谓的‘意外’，由点就可以发展成一幅画，点本身就是意外。”对于一个画家来说，等待意外就是在不预设主题的情况下（不要想象着画一个人或者表达某种情绪），先涂上各种形状的点。那么同样，对于一个处理材料的人来说，其不应做最初的设想，而应先用各种方式“经历”材料本身。这里所说的设想是指先入为主的主题，例如要让材料体现出冷的感觉，把软的材料做硬，用材料做一朵花等。若有设想，在进行材料试验时，设想会使材料的可能性变得狭隘，例如用某种材料做花，就算做了十几种不同的形态，但其实都是材料的一种可能，试验重心则从材料本身的性状偏移到了形态之上。

因此，你可以事先为自己准备一份动词列表，像 Richard Serra 的动词列表那样，如图 8-1 所示，罗列出“卷”“切”“折”“打孔”等动作，然后随机从中抽取动词与材料结合在一起。你还可以尝试借助一些非常规的工具，例如压片机、喷火枪、磁抛机甚至微波炉、电烤箱（在符合使用规范并保证安全的情况下进行）。这样可以摆脱材料对想象的限制，逼着自己主动地进行不同的尝试，创造问题并解决问题。值得注意的是，你应将每一种动作刻意地分开，在同一件样品上，要用“刀切”就不要用“刀锯”，用“线锯”就不要用“麻花锯”，那么，单单一个关于“切”的试验，就会产生各种可能。试验小样应尽可能做得大一些，以便材料的性质得以突显。这个时候，创作者所有的注意力都要集中在手与材料之间，集中在每一种处理可能产生的微妙变化上。以肥皂为例，当发现柔软状态下的肥皂可以透过纱网变成丝状时，你可能会思考不同性质的肥皂会产生怎样不同效果，纱网空隙的大小不同又会造成怎样的变化，如图 8-2 所示。当你抓住这个点，进入下一步思考时，技术性想象就已经发生了。

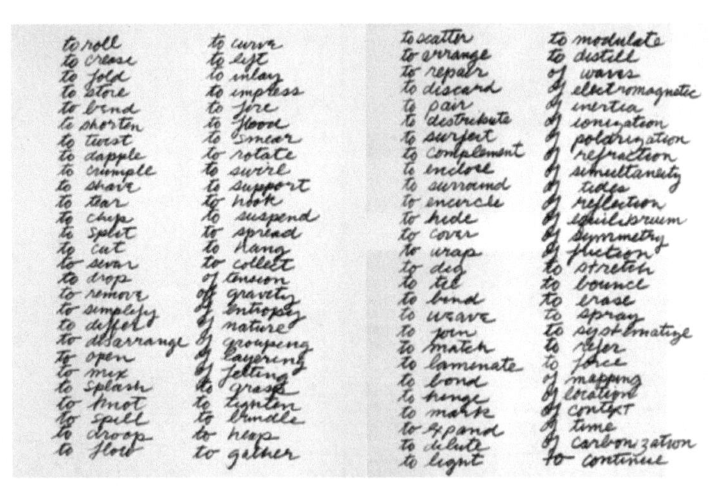

图 8-1

Richard Serra于1967年创作的动词列表，这使他可以根据使用工具和操作习惯去个性化地进行设计。

图 8-2

材料试验小样，药皂通过纱网挤压后产生的丝絮状效果，由马国凤制作。

“我一直在找寻合适的词去称呼这种行动方式，除了技术想象（Technical imagination），我想是不是还有别的更好的词……力不应当存在于你将材料扔出去的力量之中，而应当在主题中得到凝练。扔在墙上的材料，或许算得上是一种意外，随之而来的便是技术想象。”——《弗朗西斯培根访谈录》

材料的意外瞬间被捕捉后，创作者不应该停留在那里，而是要延续着这种感觉继续发展下去。你可以采用类似于物理实验中的“控制变量法”进行试验。首先，你要分析出试验中的几种要素，例如在前文提到的试验中有肥皂、纱网两个要素。然后，以其中某个要素作为试验对象，在保持其他几种要素不变的情况下，不断改变试验对象以获得不同的可能。例如选择同一种硬度的肥皂，但使用空隙大小不同的纱网，以获得不同的肌理效果。在发现纱网的空隙大小变化能使肥皂产生不同的状态时，你还可以人为地对纱网进行处理，使同一纱网的空隙大小发生改变，从而使变化更加丰富。总之，我们在发现一个有趣的点之后，一定要纵向地深入挖掘它。

在横向试验的创造意外与捕捉意外，纵向试验的研究意外与把握意外过程中，你手中的材料就与别人手中的材料不同，因为它有了你赋予的性格。

把所有东西摆出来

“把所有东西摆出来”这个方法并没有高深的专业术语和复杂的操作流程，正如字面意义那样，在创作过程中把所有东西摆出来就好了，只要你愿意去做就一定可以做到，这种方法虽然简单，但你一定会从中受益。

“把所有东西摆出来”和时尚设计中使用的情绪板（Mood Board）类似，情绪板是将和创作内容相关的视觉元素拼贴在一起，例如自然风景、设计品或艺术作品。用视觉元素取代文字语言，将所要表达的情绪与感受直观地呈现出来，如图 8-3 所示。情绪板在创作过程中主要有 3 个作用。首先对于创作者来说，情绪板可以创造出一个沉浸式的氛围，从而使观众获得持续的、针对性的视觉刺激，创作者再在情绪板中加入或删去元素，以不断修正、调整和具体化所要表达的内容。其次是情绪板在设计各环节中可以起沟通作用，例如在概念设计完成之后，设计总监向产品设计师传达创作理念与设计要求时，情绪板可以将繁杂的信息，例如风格、材质、颜色、使用场景、消费者画像整合在一起进行有效表达。最后是面向观众的展示作用，视觉化的情绪板比文字说明和设计理论更加直观并且具有煽动性，可以让观众快速地对作品建立起理解和感受。因此，情绪板作为一种设计方法被广泛地使用。

图 8-3

时尚设计情绪板，一般包括配色、材质、气质氛围等内容，由代思远绘制。

但在实际操作中，许多初学者会将情绪板作为创作的结果而非工具，情绪板本身被制作得赏心悦目但对于创作过程并没有推进作用。甚至有的创作者在作品完成后，为了显示创作过程的完整性而伪造调研阶段的情绪板，实乃本末倒置。

因此，我特意使用将所有东西“摆”出来，而不是“贴”或者“拼贴”出来，是因为“拼”和“贴”本身已经包含了预设的创作动机和目的，它期待一个完整的结果，而排除了当物与物被随机地并置在一起时产生的偶然性。这一过程可以在没有任何目的与预设的情况下展开，例如开辟一个桌面或用一个大盒子将自己的收集物（贝壳、石头、硬币、在跳蚤市场中淘到的徽章或者坏掉的零件）罗列出来，物与物同时映入眼帘产生的关系与效果是意想不到的，这比将它们放在脑海中，并通过回忆和想象来假设它们组合在一起的结果有效得多。很多时候，创作就是在无目的、无意识的情况下发生的，将所有东西“摆”出来则赋予了无意识更多的机会。通过现成品尤其是消费品垃圾进行“反首饰”创作的 J.Fred Woell 认为每一件物品闯入到他的视线中都有其自身的原因，不是他在选择这些物品，而是这些物品选择了他，在收集这些物品时他从来不提前设想会用它们做什么。在创作过程中他会将这些收集物放在一个盒子里，规定自己从中随机挑选 5~6 件，并在一个限定的时间段内完成创作。这虽然充满挑战但对于物品之间的偶然性的开放态度激发了他的创造力。当被问到如何挑选某张照片并将它与其他材料组合在一起时，首饰艺术家 Bettina Speckner 这样描述道：“……每一件物品都独立存在，然后它们互相找到了对方……我要做的就是不断地将它们放在一起，直到‘相关性’出现，我只是捕捉到了那一瞬间。”这一瞬间可能马上到来，也可能经年累月才会出现，如图 8-4 所示。Jack Cunningham 习惯将收集物摆在时常能被看到的地方，然后不断地调整它们之间的位置，让它们形成组合或产生联系，直到每一件物品建立了它所要表达的内容并寻找到它的搭档，如图 8-5 所示。

图 8-4

Bettina Speckner于2013年创作的胸针作品。

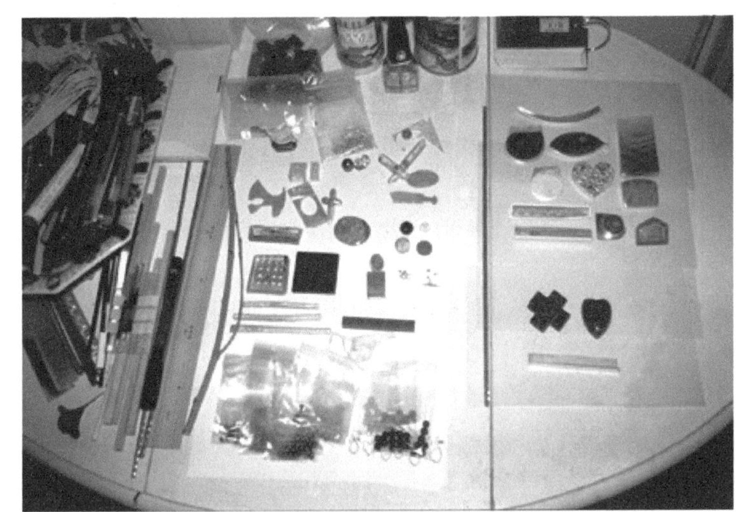

图 8-5

Jack Cunningham的工作场景。

另一方面“摆”出来强调了创作素材要以实物的方式呈现，而不仅仅是“贴”出它们的图像。互联网搜索尤其像品趣志（Pinterest）、照片墙（Instagram）、彼罕思（Behance）这样的高质量图片分享平台为视觉创作者提供了海量的资源，但过于快捷便利也让部分创作者惰于用自己的眼睛去看世界。创作过程中的一些具体的、细节的形态处理，可以以网络图片作为参考，例如某种植物的叶片形状、某个动物的动态特征，这些是知识型的客观信息。但艺术创作的原始动机与核心内容应该避免建立在网络图片上，因为图像呈现的内容、构图、气质都已经过他人处理，建立于二手经验上的创作难以提供具有独特性的感受和体验。举例来说，前文提到的作品《蚊子包》中的张力结构和支架造型参考了网络图片，但艺术家对于蚊子包的感受以及想呈现出来的状态，则是经历了大量的材料试验才逐渐变得具体而清晰。那种“鼓出去，轻薄的，令人想亲近的触感”并不能通过网络搜索几张蚊子包的图片获得。如果需要使用现成品，那就将现成品的实物摆在眼前，而不要使用哪怕是一比一的照片，因为实物能够提供除形象之外的空间、触感、光泽甚至重量上的信息。如果要推敲一个形态，那就不要让它仅仅停在图纸上或电脑中。李一平在创作《幡》时为了推敲蛹状空腔形态，制作了十几件比例、尺寸不一的模型，如图 8-6 所示。她将它们一字摆开，用手触摸并感受它们的形态，敲打它们并听它们发出的声音。因为在作品中，这些空腔不仅仅提供视觉内容，同时也带给观众行为上的交互和听觉感受，因此，创作者必须同样在实物上去体验并做出选择。

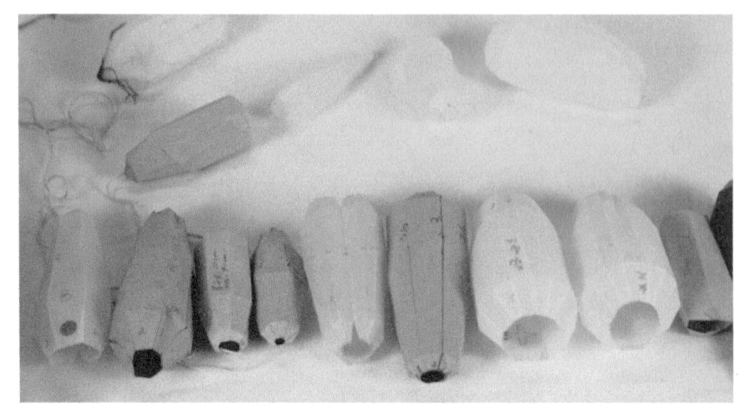

图 8-6

《幡》系列创作过程中的纸形态折叠试验。

在进行系列创作时，当单件作品完成之后，创作者要不断地将它们摆在一起，进行观察与筛选，评判者可以是创作者个人，也可以是观众。在进行观察与筛选时，评判者首先要限定出一块干净、单纯的区域，例如一个大盒子、一大张白纸或灰布。统一的界面可以去除背景和环境的干扰，让作品在同等的条件下被观察。然后，拿走其中的一件或加入一件作品，感受作品与作品之间的关系变化，是更加和谐还是遭到破坏，或从整体上来说，作品传达的内容是加强了还是被削弱了。完成这个过程没有任何技巧，就是要评判者不厌其烦地将它们摆在一起，进行直观的体验，就像在绘画过程中要偶尔退后远观，以把握整体效果。

在创作过程中与他人讨论作品并寻求建议和帮助时，将已经进行过的材料试验、模型以及积累的素材全部摆出来是最有效的办法。因为当我们运用语言、图纸来讨论一件作品时，对方接收到的是经过自己想象处理后的内容，而我们接收到的反馈也被主观意识再度加工过，在一来一回中，谈论的内容已经完全失真，因此沟通与交流多半是无效的。

幽默的力量

幽默并不是简单的搞笑和滑稽，Amos Oz 在《如何治愈狂热》（*How to Cure a Fanatic*）中指出对抗狂热与迷信最重要的是具有幽默精神，因为具有幽默精神的人永远能跳出自我的局限，以一种旁人的姿态审视自己的行为。因此，幽默同样可以被运用在首饰创作中，用于对首饰自身的反思。除此之外，幽默能够激发首饰作为艺术载体的另一重优势——凝练与精准。刘骁将首饰比喻成一把思辨的刀子，凝练在首饰中的、具有明确指向的象征性、符号性使得它能够锋利地划开约定俗成的传统、根深蒂固的观念、习以为常的偏见，然后一针见血、命中要害。但这也意味着它需要表达得精准，就像一则笑话，笑点的抖落容不得半点模糊，且不能借助更多的语言去解释、叙述、煽情，一旦重复就索然无味。所以看似轻松、玩笑的幽默，其实经过了创作者的反复推敲与琢磨。幽默给了首饰一个支点，使其具有了举重若轻的力量。

Jorunn Veiteberg在《想法更重要》(*It's the thought that counts*)中分析了创造幽默的3种方式。

第一种方式是矛盾并置(Paradoxical juxtapositions)。将短暂和永恒、昂贵和廉价并置在一起,原本的象征含义和价值就会被消解,从而产生新的含义。例如Gijs Bakker将皇室珠宝连同戴着珠宝的身体部位一起印刷在塑料上,如图8-7所示。若这串珠宝佩戴在一个身着牛仔裤、T恤衫的人身上,则会带来一种错位的滑稽效果,皇室珠宝的象征含义也就在幽默中被消解了。在《金首饰》中,吴冕将黄金首饰工厂中的女工使用过的内衣和手套这些人们印象中越使用越破旧、越不值钱的材料做成了硕大的金条,并标注上了黄金的含量,如图8-8所示。黄金价值的明确指示和视觉经验的完全背离之间产生的矛盾会带来不可置信的荒谬感,让观众反思黄金价值的真实性、可靠性。

图8-7

1977年,项链作品《亚历山德拉》(*Alexandra*)。

图8-8

2015年,吴冕的作品《金首饰》系列之《内衣金》,黄金首饰工厂中的女工使用过的内衣含金0.1克。

第二种方式是"拙劣的模仿"(Parody),或者说对模仿对象进行显而易见甚至冒犯地改变(想想达利为蒙娜丽莎添上去的那两撇胡子),让观众一眼认出被模仿物的同时又能发现其中的玄机。对于首饰艺术家来说,具有经典原型的首饰是最值得被拙劣模仿的对象,张翠莲在采访中表示她借着首饰原型(archetypal Jewelry forms)建立与首饰的对话,首饰原型所具有的规范形态是引发关于首饰以及围绕首饰展开的议题的视觉线索。"每个人都能认出原型,因此被邀请建立自己的观点,参与到关于作品的讨论中。" Kim Buck将丹麦国民首饰雏菊胸针截取出一瓣,这个作为民族象征的符号顿时变成了少女怀春时"他爱我,他不爱我的"的浪漫与忧郁,如图8-9所示。

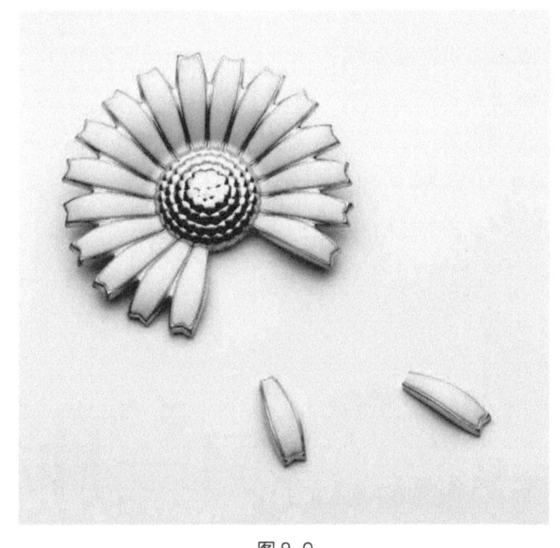

图8-9

2007年,胸针作品《他爱我,他不爱我》(*Loves Me, Loves Me Not*)。1940年,丹麦玛格丽特公主诞生,人们为了庆祝公主的诞生(玛格丽特有雏菊的含义)制作了雏菊首饰。时至今日,雏菊在丹麦依然是广受喜爱的首饰主题,从奢侈品珠宝到平价首饰都能看到它的身影,它俨然成了丹麦民族的象征。

第三种方式是讽刺（Irony），Jorunn Veiteberg 在文章中将其具体化为口是心非。创造讽刺效果的重要条件是信息具有双重含义，即表面展现的是一个意思，但实际上表达的是另外一个意思，甚至是相反的意思。就像艺术家时翀的两枚“戒指”，他用“哄骗”的方式满足了太太提出的对于钻戒上的宝石“越大越好，越多越好”的需求，如图 8-10 和图 8-11 所示。但是他想说真的是宝石越大越好或者越多越好么？他在用一种缴械投降的方式讽刺着我们所处的商业首饰生态和它所塑造的消费观。他的抵抗方式是“顺从”这种欲望，并将其推向极致——“想要多少宝石就有多少，想要多大的宝石就画多大。”信息的双重性带来歧义，这种半玩笑、半严肃的态度让观众在第一层含义与第二层含义之间摇摆不定，迫使观众进行主动地解读与思考。

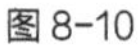

图 8-10

2018年，《越来越大-戒指》（*Bigger than Bigger-ring*）。

图 8-11

2018年，《假宝石复制机》（Fake Diamond Printer）。

曾志翾的《陨石是最庄重的告别》按照戴比尔斯包装钻石的方式，为陨石杜撰了 18 世纪以来的编年史——将历史文献中的英国皇室珠宝改为陨石，在马格里特的油画中植入陨石戒指，甚至创造了宣传口号“陨石是最庄重的告别”（ a falling stone is a solemn farewell ）和陨石研究机构“MIU”，它的标志与证书简直可以和钻石研究权威机构美国宝石学院（Gemological Institute of America，简称为 GIA）媲美，如图 8-12 所示。所有的事件仿佛都发生在另一个平行时空，只不过那个时空的人不用昂贵的钻石象征婚姻，而用昂贵的陨石纪念离婚、死亡与分离。当观众恍然大悟这只不过是创作者虚构出来的故事时，不禁反思与此相比钻石神话是否真实。“游戏”或者“胡说八道”固然重要，但它是“认真”和“一本正经”的前提，如此才能让观众进入到创作者营造的语境里，在假戏真做的过程中感受创作者所要传达的内容。

另一种精工细作

在艺术首饰中，创作者们经常使用非传统的综合材料，有时它们会给人廉价、粗糙的感觉（这种感觉有时是被刻意创造的），这种廉价感、粗糙感带来的不满足是因为缺失了精工细作所具有的美感与愉悦（精工细作并不是指整齐的边缘、抛光的表面、完美的对称）。因为没有传统珠宝首饰的严格标准，所以我们无法界定所谓的“瑕疵”，但这并不能成为粗制滥造的借口。这也造成一些人对艺术首饰就是“随便用一堆材料加上背针，再扯一个概念就成了胸针”的误解。

我们感觉材料的处理“缺乏收拾”，往往出自以下几个原因。第一个原因是不够真诚。我们看 Hermann Junger 的作品并不会觉得粗糙，这是因为他真诚地希望做出这种未完成的表面，刻意地制造出歪歪扭扭的线条以获得绘画中的笔触感，如图 8-13 所示。事实上要做出这种绘画般的效果，反而需要创作者具有高超的工艺与娴熟的材料掌控力。其他许多创作者的作品带有粗糙感并不是因为他们真诚地想做成这样，而是由于能力、技术等不足，没有做出理想的效果，从而使作品停留在一个不温不火的状态中，缺乏精致度、完成感。展现给观众的每一个细节都应该被考虑，创作者应真诚地做出这个模样，而不是无意识地、未经处理地呈现（即使是未经处理，也应该是真诚地不处理）。隐藏在每一个细节里的思考、设计和安排，是另一种让人愉悦的精工细作。第二个原因是材料与功能结构完全脱节。有的创作者为了使材料具有首饰的功能，将额外的背针或戒圈粗暴地与材料组合在一起，而不去考虑形式的美感与功能的需要，例如用胶水直接黏合不同组件，为了挂绳毫无设计地直接打孔。这个时候功能结构的加入并没有使作品更加丰富，反而让整个作品都显得未经设计、直白粗糙。第三个原因是缺少可以让人深入观察的细节，人们一眼扫过去，完全没有停留下来的欲望。细节可以是精心安排过的肌理变化，也可以是能让人把玩的结构，还可以是巧妙的点睛之笔。有些时候，创作者可能不是为了契合概念与功能，而是为了满足审美趣味而主动加入一些提气的细节。

有一些小办法可以使作品获得较高的完成度和较强的精致感，比如收边。就像无论一个怎样变形、粗糙的陶罐，只要把口沿做讲究了，它就不会让人误以为是未完成品。收边的方式有很多，可以是赋予材料一个较为完整的外形，让外形简化后，凸显材料的特质。例如 Benedikt Fischer 以滑雪头盔为材料创作的作品。但显然他不是随意地摔碎头盔，获得自然破裂的碎片，而是有意识地切割出简洁、大方的几何形态，突出人为制造的丰富的肌理变化，如图 8-14 所示。这种原本应用于贵金属的传统雕金工艺在色彩明快的塑料上产生了令人愉悦的视觉效果。与此同时，创作者通过打磨、抛光的方式进行收边，收紧的边缘与充满肌理感的材料形成对比，以边缘的收紧衬托主体部分材料的松弛状态。除此之外，收边还可以用于处理一些功能上的实际问题。例如在王茜的《我不做意大利面，我做首饰》中，她用颜料封住横截面，解决了边缘锋利割手的实际问题并增加了具有装饰性的点元素细节，如图 8-15 所示。在作品《罐头》（*Can*）中，韩国首饰艺术家 Seulki Lee 利用彩色的热缩橡胶条对吊坠的绳结进行收口，如图 8-16 所示，一方面，这个材料与作品气质吻合，二者都是具有热缩效果的工业材料；另一方面，它让普通的丝线有了干净利落的收口，其与绳子之间的撞色搭配让作品显得更加活泼。如果有机会，你不妨观察一下不同的艺术家对绳结的处理，你会从中发现很多巧思，学习到很多经验。

图 8-12

2017年，《陨石是最庄重的告别》系列之《告别捧花》。

图 8-13

赫尔曼于1967年创作的胸针作品。

图 8-14

2014年，《男演员 男演员》胸针（*Actors Actors*）。

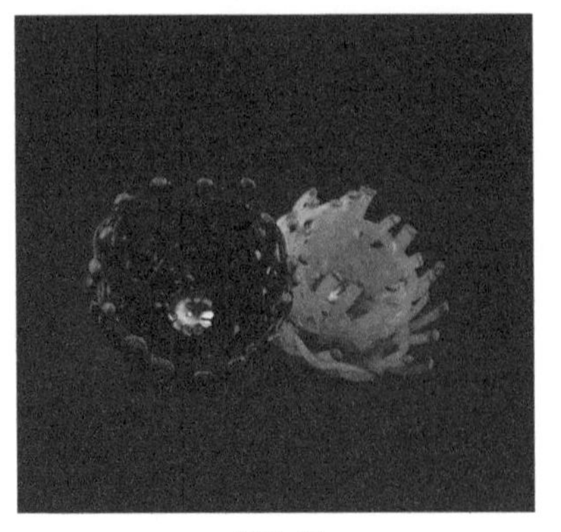

图 8-15

《我不做首饰，我做意大利面》的巢状边缘用红色涂料收边。

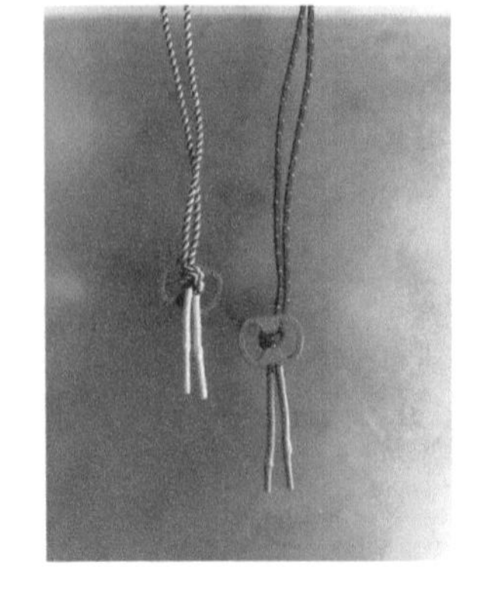

图 8-16

Seulki Lee在《罐头》系列作品中对绳结的处理。

作品题目和视觉输出

如今，作品的传播越来越依靠网络媒介，和动辄上万的互联网观众相比，线下观众的数量可谓九牛一毛。因此，作品在网络媒介上的呈现形式成为创作者不得不思考的重要内容，甚至需要纳入创作过程。那么，首饰作品依靠网络媒介传播的时候应具备哪些内容呢？一个是文本，包括题目与作品说明；另一个是视觉输出，包括图片与视频等。

很多时候，首饰作品的题目的重要性被忽略了。一方面，有些创作者认为作品题目只有寥寥几个字，传达性有限，因此题目完全成了一个指称代号，而不承担任何表意功能；另一方面，也有创作者认为视觉作品必须完全依靠作品本身进行自我诠释，需要文字说明进行补充是作品表达模糊不清、表现力度不够的表现，因此无论是作品介绍还是题目都是被排除在创作之外的内容。事实上，题目并不是作品完成之后的无用之物，而是作品的有机组成部分，是唯一合法的以文本形式出现在首饰作品中的内容。而作品说明在通过网络传播时往往是与作品的视觉内容分离的，往往得不到完整的展示或极少被仔细地阅读。因此，短小的标题恰恰使它成为一枚百发百中的子弹，使它能被观众有效地接收到，能起到点名主旨、补充语境、引发联想甚至表达幽默等多种作用。首饰正需要这样一枚精准的钥匙，开启凝练在其中的丰富含义之门。

Kim Buck 无疑是为作品起名的高手，所以这里再次以他的作品为例进行讲解，其作品的题目中既有利用谐音的文字游戏，又有双关语的多重表达。

例如在他的代表作《充气戒指》（*Pumpous ring*）中，他用“pump”（充气）和“pompous”（傲慢）两个词造出了作品的题目，同时暗示了作品的制作手法和表达内容，如图 8-17 所示。在参加一个主题为“纪念品”（Souvenir）的展览时，Kim Buck 将自己之前的一个胸针作品《动物园》（*Zoo*）的照片做成了胸针，并将其佩戴在了同一件衣服上，取名为“*ZOOvernir*”，巧妙地利用了谐音。胸针的图像出现在真实的大衣之上，呈现出纪念物介于虚实之间的状态，如图 8-18 所示。

图 8-17

2011年，《充气戒指》，戒指的原型来自图章戒指(signet Ring)，戒面为丹麦皇室纹样。丹麦语中有一句俚语“充了热空气一样”（ Fyldt med varm luft ），形容的是傲慢的态度，因此Kim Buck利用金属充气技术制作了这枚戒指。

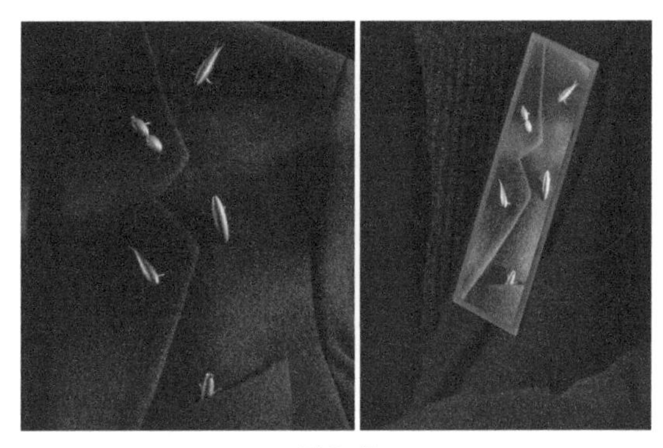

图 8-18

左图为Kim Buck于1995年创作的胸针作品《动物园》，右图为他于1998年创作的胸针作品《纪念品》。

作品《跨越边境》（*Cross the boundary*）的题目则是对作品中未出现的语境的补充。具有个人符号性的视觉形态配上指向不明的题目，再结合使用的材料为回收来的啤酒罐，不禁让人疑惑“什么是跨越边境？跨越什么边境？这些吊坠和边境的关系是什么？啤酒罐在其中的含义是什么？”如图 8-19 所示。顺着这个思路观众便能逐步接近作品影射的含义，而规避了废品回收、环境保护等议题。以作品题目为线索，虽然它无法将作品的含义展露无遗，却能给予观众思考的方向。

《中国制造》（Made in China）则利用双关表达了三层含义：用陶瓷制作，创作于中国，以及“MADE IN CHINA”所意味的生产方式——代工、流水线和复制品，如图 8-20 所示。

图 8-19

2015年，《跨越边境》。德国和丹麦原本拥有统一的啤酒罐回收系统，艺术家喜欢德国啤酒，喝完后的空罐可以投入丹麦的回收机器。但近年来这一系统随着政策变化失效了。原本可以轻松地投入回收机的德国啤酒罐成为了需要处理的垃圾（丹麦拥有极为严格的垃圾分类系统），他的作品便是利用这些啤酒罐制成的。宏观世界的风起云涌通过细枝末节的改变渗透到我们的生活中。

图 8-20

2017年，《中国制造》。Kim Buck采取了半开放式的流程，让景德镇的手工匠人参与到创作过程中，并与他们探讨了在代加工的生产方式下进行具有创造性的艺术实践的可能。

关于作品题目有一个小的经验——通过网络下载图片时，图片标题也会被一同下载，因此上传作品图片时不应以数字代码随意表示，而要使用例如“作品名称 _ 作者姓名 _ 创作年代”的格式。这样，当作品的图片被下载时，有关它的信息也能被观众获取，如果观众需要查找更多资料或者引用作品的时候，就可以顺着图片文件的名称进行进一步的检索。总而言之，作品题目是需要被反复斟酌的、可以和观众进行有效交流的重要媒介。

视觉输出主要是指作品以图片的方式进行展示。近年来，视觉输出呈现出多样化的形式，例如动图和视频。作品图片有两大类，一类为静物图片，另一类则是佩戴图片。静物图片中最经典的类型是将作品置于纯色的空间中（通常为白底），以一种客观、平实、不带任何情绪渲染的方式呈现作品，如图 8-21 所示。画面中没有道具、没有环境、没有强烈的光影、没有焦距的虚实，只有作品本身，它如同首饰的证件照。创作者所能干预的是选择观看作品的最佳角度，例如这个角度是否能呈现作品的完整形态，是否能让观众表现出前后交叠的层次关系，是否能让观众看到被精心处理过的材料肌理。这种标准化的作品图片虽然比较单一，但优势也非常明显。首先，拍摄条件较为简单，不需要特别专业的设备和影棚，因此可以由首饰创作者独立完成，节约了时间与成本；其次，由于作品图片没有强烈的风格，所以与任何视觉内容均可兼容，广泛地适用于参展、销售、出版；最后，也最重要的是，静物图片具有公平性——清晰、明了、一切靠作品说话。另一种作品图片则以烘托氛围为主要目的，在珠宝首饰和时尚首饰中被广泛运用，因为色彩、构图、道具的调度可以增强视觉冲击力和形成记忆点，如图 8-22 所示。艺术首饰同样可以使用这种静物摄影方式。需要注意的是，因为作品传达的概念是艺术首饰的重点，所以使用的道具、营造的氛围需要与作品的概念相契合，而不是仅从视觉上考虑。以贺晶的作品《胸针》为例，我们可以看到两种作品图片呈现出来的不同效果，如图 8-23 和图 8-24 所示。第一张图片中，作品一目了然，有一种客观记录的文献感；在第二张图片中，贺晶将作品置于厨房中，还原了作品中的现成品（如水果刀、打蛋器）本来的使用场景。它们自然而然地融入其中，但贺晶对现成品微妙的改造又使得它们成为生活化环境中的入侵者，给人带来的荒诞感比白底的静物照片更加强烈。因此，相较于标准化的白底图片，它们在视觉上更加具有趣味性和丰富性，并且能够辅助传达作品的概念。

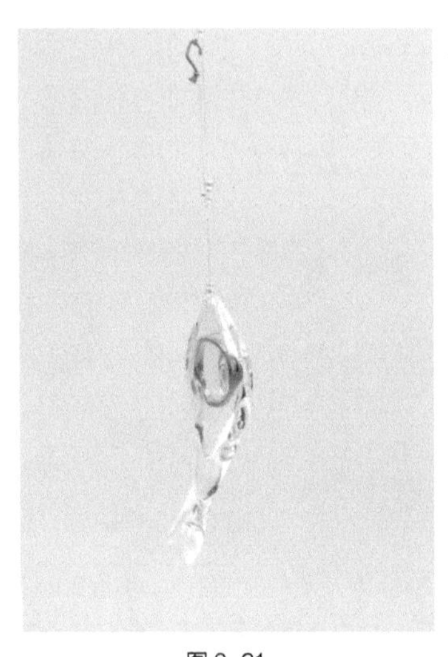

图 8-21

《不会游的鱼》，吴冕于2021年创作的作品。

图 8-22

尤目甜食系列作品图片，创作者通过道具和背景制造的强烈的色块分割，形成了具有视觉张力的画面，同时也营造了“甜食”的氛围。

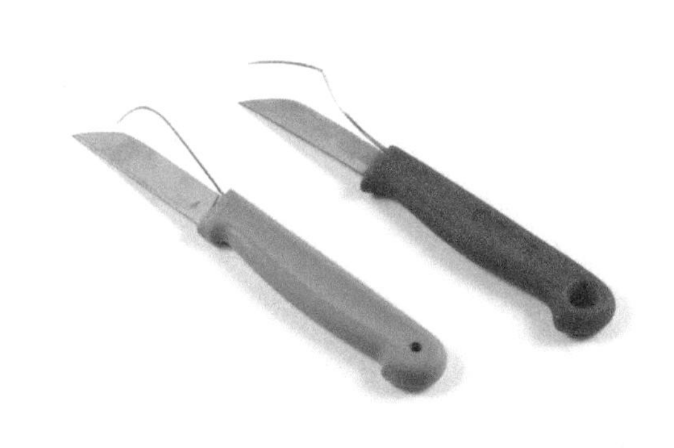

图 8-23

《胸针》的白底作品图片。

图 8-24

同一件作品置于环境中的照片。

佩戴图片同样具有经典的范式——身着黑色、白色或中性色服装的人物为首饰的佩戴者。这里的佩戴者并不是具体的人，而是抽象的“展台”，他们的作用是通过首饰与身体的关系展现作品的尺寸比例、佩戴方式以及空间感（例如项链被佩戴后具有的空间感）和方向感（例如胸针被佩戴后呈现的特定角度与方向）。因此，佩戴者需要面无表情，甚至面部可以被切在画面之外；尽可能减少衣着的细节对首饰的影响；身体要避免呈现表演式的姿态。总之，所有与作品所要传达的概念无关的内容都需要被控制和削弱，如图 8-25 所示。而在有些佩戴图片中，佩戴者不仅仅是“展台”，他还携带了人物所特有的信息，例如性别、年龄、职业等。此时他可以是一个具体的人，例如滕菲教授的《那个夏天》表现的是创作者初为人母的私人经历，如图 8-26 所示。因此，佩戴者为创作者本人，身着便衣，不施粉黛，闭着双眼，微微仰头，不见悲喜。没有刻意煽情，去渲染母亲的温柔或伟大，而是坦诚地将自然状态和盘托出。因此，它也超越了日记式的个人叙事，而呈现出更加天然的人文关怀。有时佩戴者指代一类人群，例如张翠莲选择让男性来佩戴自己的珍珠项链作品，如图 8-27 所示。因为在这件作品中，她旨在去除珍珠项链承载的女性身份，打破它一成不变的完美形式，以及它所代表的温柔、纯净、典雅的女性形象。佩戴者是一个蓄着胡子的普通男性，既不是具有中性美的男模特，否则就又回到了珍珠项链的女性气质中，也没用特别粗犷的男性形态故意形成反差，因为那会让观众陷入另一种刻板印象。前面讲到的两类佩戴图片中的佩戴者均置身于“真空”的环境，环境并不参与作品概念的传达。而特定的环境和拍摄风格则会塑造出明确和强烈的语境。闫丹婷的《低俗小说》的佩戴图片并不是严格意义上的佩戴图片，因为她并没有让首饰呈现常规的佩戴效果，而是让它化身为道具出现在电影场景般的画面中。这些画面与作品来源的电影无关，但都围绕着作品本身的气质与内容展开。例如对称的画面中满是黑色椅子的礼堂、身着黑色大衣的人、翻书的动作与翘起的小拇指，无不在提示作品与仪式的关系，如图 8-28 所示。虽然元素众多，但它们都被统一在故事性的画面中，加强了作品叙事的戏剧张力。《陨石是最庄重的告别》的佩戴图片则被模拟在报纸、毕业证书或者油画中，用以虚构有关陨石的历史文本，如图 8-29 所示。由此可见，从抽象的人到具体的人，再到人物的环境以及画面的呈现方式，图片所承载的信息以及能够传达的内容都更加丰富与复杂。但需要注意的是，并非画面内容越丰富、越复杂就越好，在选择以何种类型的图片展示作品时，创作者始终要关照作品的概念。例如李一平的《虚构想像的道具》就并没有佩戴图片，因为她就是希望在不提供作品的使用规则的条件下，让观众去感受摆弄作品的过程中身体动作与之进行的互动。在她看来，任何特定的人物姿态与作品的关系都成了对作品进行想象与探索的束缚。

图 8-25

《从一枚戒指开始》，吴冕于2012年创作的作品。

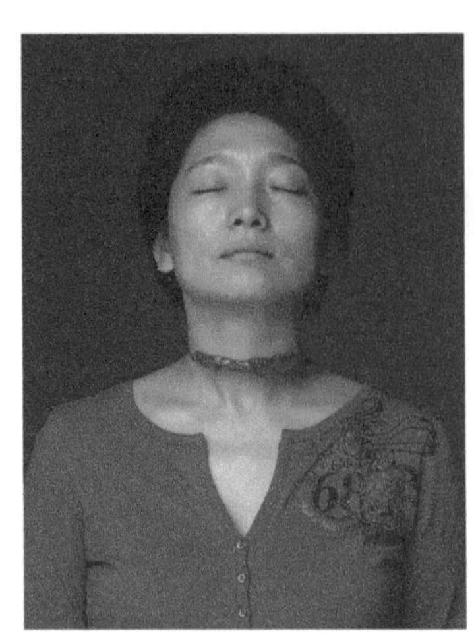

图 8-26

2007年，《那个夏天》。

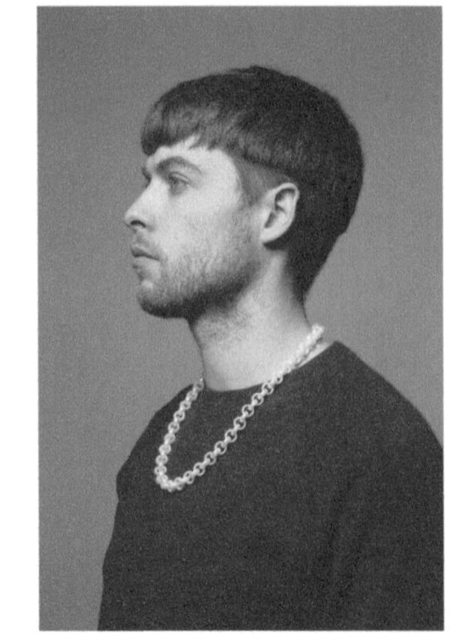

图 8-27

2016年，《珍珠项链-中等长度》（*Pearl Necklace - Matinee*），张翠莲将母亲送给自己的一条项链上的珍珠一颗颗地掏空成圆环，完全转换了珍珠项链坚不可摧的完美形象。

图 8-28

2017年，《低俗小说》系列之《尾声》。

图 8-29

左图为《陨石是最庄重的告别》系列之《告别捧花》，以影楼写真为图像载体；右图为同一系列的《离婚戒指》，以油画为图像载体。

随着作品线上传播的影响力越来越大，作品的“照骗”现象也日益严重和广泛，当然，这绝不仅仅存在于首饰作品中。但我始终认为优秀的首饰作品一定是实物比照片好，而拿起实物则要比看到实物的感觉更好。拿在手上时，适宜的大小、细腻的触感、随着观看角度变化的光泽、佩戴在身体上时令人感到的舒适的重量、胸针结构在开合时的精巧与稳定感，这些首饰媒介在转化为图像媒介时丢失掉的内容正是体现“首饰性”的地方。所以对照片的后期加工不应该是去美化，而应该是去弥补二维平面中丢失的细节。如果一件作品在照片之外不能给予观众更多的内容，不能提供只属于佩戴者的感官享受，那会是一件令人失望的事情。这也是首饰与首饰展览不能完全地线上化，而必须保有线下实体展览的重要原因。

结语

首饰创作策略的可能与不可能

艺术创作的灵感和过程一直处于一个黑盒子之中，正如争论不休的议题“艺术是否可教”一样，凡是可教的都是技术、知识、经验和方法，而不可教的才是艺术的精髓——奇思妙想、灵光乍现、独特的感受和原创的表达。首饰创作亦是如此。

那么我所分享的内容是否意在破解首饰创作的黑盒子呢？是，也不是。

创作策略大概是黑盒子外可教的“方法”，比技术（例如金工、雕蜡、绘图）更加宏观抽象，比知识（例如首饰历史、材料性能）更加具有能动性，比经验更加系统。我们可以不断学习新的技术和知识，并在实践中精进技术，积累经验，但如果没有作为骨架的方法，那么我们很快就会迷失在浩瀚如海的知识中和日新月异的技术里。如果本书所分享的创作策略能让你不仅仅看到首饰作品的颜色搭配、形态设计、材料处理，还能从其他角度看到创作者思路上的递进、推演、反转、跳跃，并能以此类推地反观自己的创作思路，那么这些创作策略也许称得上“方法”二字。

本书通过对创作策略的分类介绍与案例分析，希望像魔术揭秘一样去展现令人眼花缭乱的视觉结果背后真实的、周密的，甚至有些笨拙的提前准备。它们是创作者在创作过程中的犹豫不决、在结构上的试验与材料上的试错，这些甚至可能会展现削弱作品最终的“魔术效果”的并不神秘的过程。但我确信无疑的是，这些过程让看上去“本该如此”的作品拥有了无数可能，从而使创作者经过无数次选择的岔路后，终于来到了秘密花园。

然而这些岔路和创作者身处每个岔路时做出选择的原因，是创作策略远远无法囊括的，就像误入桃花源的秘径，连渔夫自己都无法原路返回。因此，艺术创作获得了彼时彼刻、所思所感的本真与独特。

没有一个人能陪一个人走进另一个人的创作黑盒子，与其破解它，我们不如去创造属于自己的黑盒子。

黑盒子里有理性的哲思和对艺术发展历程的系统梳理，有对自然的敬畏和孩童般的好奇，有对生活的热爱并真诚地与它相遇的渴望，有对世间最微小、最边缘事物的体察入微，还有对一切强大与权威的警醒与质疑，一颗敏感的、甘愿受伤的心和即便如此依然选择相信和坚持的力量与勇气。这么说似乎有一些壮烈，但热爱乃是最简单与持久的动力，它将一路上的困难变成风景。

还有一点很重要——看魔术揭秘永远学不会魔术，变魔术本身才会。是时候合上这本书，走入真正的首饰创作的世界了。